프랑스 대표 과자부터 지역별 과자까지
132가지를 총망라한 결정판

프랑스
정통 과자 백과사전

모든 프랑스 과자의 역사와 레시피

———— ◆◆ ————

야마모토 유리코 지음
임지인 옮김 김상애 감수

시작글

'프랑스 과자란 무엇일까?' 그 의문에 답을 찾기 위해 1990년대 후반에 파리로 건너갔다. 맨 처음에 놀랐던 것은 빵집이나 과자점이 편의점만큼 무수히 많다는 사실이었다. 10년 동안 살았던 아파트 근방은 한산한 마을이었는데도 도보 5분 거리에 제과점이 네 군데나 있었다. '빵'이라고 간판을 내걸고 있어도 진열장 한쪽에는 반드시 과자, 디저트가 놓여 있었고, 대부분이 '빵집 겸 과자점'이라는 간판을 내걸고 양쪽을 모두 판매했다. 또 한 가지 놀랐던 것은 내가 아는 과자가 거의 진열되어 있지 않았다는 점이었다. 슈크림도 없을뿐더러 쇼트케이크도 없었다.

유학 생활을 시작하자마자 파리에 있는 모든 제과점을 돌아보자고 결심했다. 어마어마한 양의 제과점을 찾아다닌다는, 호기심덩어리다운 도전이었다. 보통 디저트 마니아나 제과 수업을 위해 프랑스를 방문한 사람은 유명 전문점이나 입소문이 난 가게 위주로 돈다. 하지만 나는 순수하게 파리 안의 과자를 망라하고 싶었다.

무모한 디저트 탐방을 이어가는 동안 다양한 사실을 알게 됐다. 그중 하나는 파리 제과점에서 팔고 있는 빵과 과자에는 고전 과자와 무스나 크림을 베이스로 한 창작 과자 이렇게 두 가지가 있으며, 파리의 유명 전문점이나 한국에 소개된 프랑스 과자는 보통 창작 과자가 많고, 파리 시내에 있는 가게일수록 옛날 그대로의 고전 과자를 묵묵히 만든다는 것이다. 프랑스의 고전 과자는 냉장 기술과 도구가 부족하던 시절, 요리사와 제과 장인이 대대로 지혜를 짜내어 만들어낸 결과

물이다. 질리지 않는 맛과 풍미가 있고 시대를 넘어 사랑받는, 그야말로 영원한 국민 디저트인 것이다.

2000년 이후 프랑스 제과업계도 크게 변화했다. 가장 큰 변화는 디저트가 패션처럼 유행을 좇게 됐다는 것일 터이다. 파티시에들도 색다른 것을 탐구하기 시작했다. 그 구체적인 예로 유명 파티시에들이 고전 과자를 재해석하기 시작한 것, 에클레르나 마들렌 등 한 종류의 과자에 특화한 전문점이 늘었다는 것 등을 들 수 있다.

이 책은 네 개의 장으로 나누어 파티스리에서 판매하는 디저트 외에 프랑스의 비스트로 과자, 가정식 과자, 지방 과자를 소개한다. 이 책을 읽고 최근 20여 년 동안 새로운 흐름 속에서도 꾸준히 사랑받으며 대대로 내려온 프랑스 디저트들을 역사, 그리고 레시피를 충분히 만끽했으면 한다.

프랑스 제과점의 전통적인 삼각뿔 포장

비스트로 과자 │ Desserts des bistrots 90

가정식 과자 │ Pâtisserie familiale 124

지방 과자 | Spécialités régionales 146

이 책에 대하여

◇**카테고리** 케이크, 타르트, 과일 과자, 초콜릿 과자 등 각 과자의 특징이 가장 잘 드러나는 카테고리를 기재했다.

◇**상황** 아침이나 점심 혹은 저녁 디저트, 티타임, 아페리티프 (식전주), 축하용 과자로 나누었지만 정해진 것은 아니다.

◇**지역** 지방 과자는 어느 지역인지 쉽게 알 수 있도록 2015년까지 사용했던 지방명을 기재했다.(→P147).

◇**구성** 사용한 재료, 반죽이나 크림의 명칭 등을 대략 기재했다. 여러 가루를 사용할 경우는 '가루류'로 간략하게 표기했고, 양주나 향료 등 소량 들어가는 것은 생략했다.

◇파티스리 과자에는 레시피가 있는 것과 없는 것이 있으며, 가능한 한 가정에서 쉽게 만들 수 있는 레시피를 수록했다.

Colonne

Spécialités des pâtissiers

파티스리 과자

프랑스어 '파티스리'에는

❶ 오븐에서 구운 반죽(Pâte)을 사용한 과자,

❷ 과자를 제조, 판매하는 가게라는 뜻이 있다.

즉, '파티스리' 단어 자체에 '과자'라는 말이 포함되어 있지만,

이 책에서는 '파티스리에서 판매하는 과자'라는

의미를 담아 '파티스리 과자'로 부르고 있다.

프랑스 파티스리는 역대 요리인과

제과 장인이 지혜를 짜내 만들어온

고전 과자부터 최신 기술로 만드는

화려한 창작 과자까지 고루 갖추고 있다.

이 장에서는 고전 과자를 중심으로 소개하고자 한다.

에클레르

Éclair

번쩍번쩍 빛나는 '번개'라는 뜻의 슈 과자

◇카테고리: 슈 과자　◇상황: 디저트, 티타임, 간식
◇구성: 슈 반죽+커스터드 크림+퐁당

우리에게 익숙한 '에클레어'라는 이름은 아마 영어식 발음에서 유래되었으리라. 에클레르는 프랑스어로 '번개', 그리고 '전기 충격을 받은 듯한', '눈 깜짝할 사이에'라는 '찰나'를 나타내는 형용사적인 의미도 있다. 그래서 번개가 치는 듯한 속도로 순식간에 먹을 수 있는 모양 때문에 생긴 이름이라고도 하고, 직선으로 내리치는 번갯불을 본떠 막대기 모양으로 성형했다는 말도 있고, 또 위에 올라간 퐁당(→P229)이 번개처럼 광택이 있어서라는 이야기도 있을 정도로 이름에 대한 여러 가지 설이 있다. 다만 아카데미프랑세즈(프랑스어를 지키고, 그 질을 유지하기 위해 존재하는 권위 있는 학술 기관)가 편찬한 사전은 '에클레르는 (번개가 치는 듯한 속도로) 순식간에 먹어치운다고 해서 에클레르라는 이름이 붙여졌다'라고 정의한다.

에클레르는 제과점뿐만 아니라 과자를 파는 곳이라면 반드시 판매한다고 이야기해도 과언이 아니다. 파리 사람들은 에클레르 끝부분을 잡고 입안 가득 집어넣는다. 그 모습을 목격할 때마다 에클레르가 특히나 먹기 편한 디저트임을 실감한다. 프랑스에서는 크림이 가득 차 있는 파티스리를 포크와 나이프로 먹는 게 일반적인데, 그에 비하면 얼마나 간단한가. 그래서 수요가 많고, 어느 제과점에서나 팔고 있는 게 아닐까.

에클레르가 고안된 것은 1850년대 즈음, 미식의 수도라 불리는 프랑스 제3의 도시 리옹이었다고 한다. 다만 고안자 이름은 남아 있지 않다. 에클레르의 원형을 고안한 이는 앙토냉 카렘(→P234)이다. 당시 카렘이 만든 원형은 뒤셰스(Duchesse)라 불렸다. 잘게 다진 아몬드 위에서 굴린 슈 반죽을 손가락처럼 길쭉하게 성형한 후에 구워내고 퐁당 혹은 캐러멜을 뿌린 것이었다. 카렘이 죽은 지 약 20년 후에 지금의 에클레르에 가까운 것이 리옹에서 탄생했다.

2019년의 다양한 에클레르.
흰색은 바닐라 커스터드 맛

세월이 흐르면서 에클레르의 종류는 초콜릿과 커피, 이 두 가지가 기본이 됐다. 슈 반죽에 초콜릿 혹은 커피 맛 커스터드 크림을 채우고 표면에는 초콜릿 혹은 커피 맛 퐁당을 발랐다. 하지만 2000년에 접어들면서 에클레르는 조금씩 진화를 겪는다. 마들렌 광장에 있는 '포숑(Fauchon)'의 셰프 파티시에(파티시에 전체를 총괄하는 최고책임자)가 된 크리스토프 아담이 2002년에 뉴욕에서 '오렌지 맛이 나는 에클레르를 만들어줬으면 좋겠다'는 주문을 받고, 이를 계기로 새로운 에클레르를 고안했다. 이때 포숑에서 주말에 다양한 디자인과 풍미의 에클레르만을 선보이는 'The Weekend Eclair'를 시행하여 큰 화제가 되었다. 2011년에 포숑을 나온 아담은 이듬해 최초의 에클레르 전문점인 '레클레르 드 제니(Le'clair de Genie)'를 파리 마레 지구에 오픈했고, 현재는 프랑스와 아시아를 중심으로 여러 매장을 열 정도로 인기 브랜드가 되었다. 프랑스에서 다양한 맛과 화려하게 치장한 에클레르가 늘어난 것은 아담 덕분이라고 말해도 될 정도다.

슈 반죽의 역사

슈 반죽은 프랑스어로 파트 아 슈(Pâte à choux)라고 한다. 슈(Chou)는 채소 '양배추'를 뜻하는 단어로, 복수형은 Choux가 된다. 옛날 옛적 유럽에서는 양배추에서 아기가 태어난다고 믿어왔으며, 이는 다산을 연상시켰다. 슈 반죽의 원형은 16세기 앙리 2세와 결혼한 이탈리아 메디치 가문의 카트린 드메디시스가 시집올 때 데리고 온 요리사 포펠리니를 통해 전해졌다고 한다. 오븐 팬에 반죽을 스푼으로 떨어뜨리고 불 위에서 건조시킨 것으로, 뜨거운 반죽이라는 뜻의 파트 아 쇼(Pâte à chaud)라 불렸다. 그 후, 제과 장인 장 아비스(→P234)가 완성했다는 설이 일반적이다. 아비스는 앙토냉 카렘(→P234)이 아직 10대일 때 실뱅 바이의 가게(파리의 비비엔 거리에 있었음)에서 일하던 무렵 스승이었던 인물이다.

크리스토프 아담의 레클레르 드 제니(a)
예술작품 같은 아담의
에클레르(b)

파리의 슈크림 사정

1990년대 후반부터 파리에서 지내면서 제과점 탐방을 하다 프랑스 과자라고 여겼던 '슈크림'이 어느 가게에도 없다는 것을 알고 크게 놀랐다. 아주 희박한 확률로 샹티이(→P227)를 채운 슈 아 라 샹티이(Choux à la chantilly)를 보기는 했지만 슈크림과는 만날 수 없었다. 슈크림은 프랑스에서는 슈 아 라 크렘(Choux à la crème)이라 한다. 과자 만들기를 좋아하는 프랑스 사람에게 "왜 제과점에 슈 아 라 크렘이 없죠?" 하고 묻자 "그런 건 집에서도 만들 수 있잖아요. 굳이 돈을 주고 사 먹는다면 초콜릿이나 커피처럼 뭔가 맛이 나야죠" 하고 웃었다. 여러 프랑스 사람에게 같은 질문을 던졌지만, 앞서 들은 대답이 가장 납득이 갔다.

하지만 과연 그럴까? 지금 파리에는 작은 크기의 슈크림을 전문으로 하는 전문점들이 제법 있다. 2010년에 접어들면서 파리에서는 하나에 특화된 디저트 전문점 붐이 일었다. 그 불을 붙인 것이 2011년에 마레 지구 북쪽에 1호점을 오픈한 슈크림 전문점 '포펠리니(Popelini)'다. 바닐라, 초콜릿, 커피 등 대표적인 풍미 외에도 과일류가 알차게 준비되어 있고, 항상 10종의 슈가 진열된다. 알록달록한 색채를 조합한 인테리어도

인상적이다. 2013년에 오픈한 '오데트 파리(Odette Paris)'도 슈는 화려하고 매장은 검은색을 기반으로 꾸며놓아서 시크한 느낌을 준다.

포펠리니와 오데트 파리의 에클레르들은 표면에 퐁당이 덮여 있어 눈치채기 어렵지만, 슈 반죽 표면에 촘촘하게 균열이 나 있다. 이는 슈 크라클랭(Choux craquelins) 등으로 불리는, 슈를 만드는 새로운 방법이다. 일반적인 슈의 겉면보다 식감이 바삭하다.

2013년에는 '라 메종 뒤 슈(La Maison du Chou)'라는 주문과 동시에 크림을 채워주는 전문점도 생겼다(현재는 폐점). 그리고 2018년에 '뒨 블랑슈 셰 파스칼(Dunes Blanches chez Pascal)'이 마레 지구 서쪽에 문을 열었다. 프랑스 남서부 마을 생장카프페라에 자리한 파스칼 뤼카의 가게다. 이곳은 슈케트(→P23) 속에 가볍고 폭신폭신한 크림을 넣은 타입이다.

앞의 두 가게는 풍미의 종류도 비주얼도 '마카롱풍으로 완성한 슈크림'이라는 인상을 받는다. 나머지 두 가게는 심플함이 콘셉트인, 우리가 아는 슈크림에 가깝다. 앞으로 파리의 슈크림이 어떻게 진화해나갈지 무척 기대된다.

포펠리니의 알록달록한 슈

뒨 블랑슈 셰 파스칼의 슈

를리지외즈
Religieuse

수녀의 모습을 닮은 슈 과자

◇카테고리: 슈 과자　◇상황: 디저트, 티타임
◇구성: 슈 반죽＋커스터드 크림＋퐁당＋버터크림

16~17세기 슈에는 치즈가 들어 있었지만, 18세기에는 슈 그 자체를 즐겼고, 19세기에 접어들면서 크림을 채워서 먹게 되었다. '수녀'라는 의미의 를리지외즈는 1851~1856년 즈음, 과자 겸 아이스크림 장인의 카페 겸 레스토랑 프라스카티에서 고안되었다고 전해진다. 이 가게는 지금의 파리 2구 리슐리외 거리와 이탈리안 거리가 만나는 모퉁이에 있었다(다른 거리 설도 있음). 당시의 를리지외즈는 플랑(→P26)이나 이와 유사한 진한 커스터드 크림이 들어간 슈로, 휘핑한 생크림으로 장식했다. 피에르 라캉(→P235)은 저서 《프랑스 과자 메모리얼(Le Mémorial de la Pâtisserie)》(1890년)에서 '를리지외즈는 약 50년이 지난 지금도 여전히 인기가 있고, 모카(→P59)의 등장에도 흔들림 없는 인기를 유지하고 있다'고 적었다.

를리지외즈도 기본 중의 기본인 파티스리다. 구성은 에클레르(→P12)와 거의 같고, 다른 점이 있다면 수녀의 옷깃을 표현하는 버터크림 정도다. 맛도 똑같다. 초콜릿 맛과 커피 맛이 대표적이었으나 점점 다양한 풍미가 만들어졌다. 유명한 것은 파리풍 마카롱(→P76)으로 알려진 오래된 과자점 '라뒤레(Ladurée)'의 를리지외즈다. 마카롱처럼 색이 다양하고 장미 맛, 제비꽃 맛, 피스타치오 맛 등 여러 풍미로 만들어지는 것은 물론, 아몬드×그리오트(체리의 일종) 맛, 장미×딸기 맛 등 혼합된 맛까지 등장하고 있다.

반면, 일체의 변형 없이 고전 과자를 만드는 세바스티앵 고다르는 "를리지외즈는 이름 그대로 수녀를 형상화한 고전 과자입니다. 윗부분은 흰 두건을, 아랫부분은 검은색 옷이라는 게 본래 모양입니다"라고 말한 바 있다. 고다르가 만드는 를리지외즈는 머리 부분에는 흰 퐁당(→P229)과 바닐라 풍미의 커스터드 크림, 아랫부분에는 초콜릿 퐁당과 초콜릿 커스터드로 구성했다. 흰 퐁당의 두건을 쓰고 초콜릿 퐁당의 수녀복을 차려입은 그 모습은 마치 실제 수녀를 보는 듯하다.

세바스티앵 고다르의 를리지외즈

생토노레
Saint-Honoré

제과 제빵 장인들의
수호성인 이름이 붙은 과자

◇카테고리: 슈 과자
◇상황: 디저트, 티타임
◇구성: 파이 반죽 + 슈 반죽 + 크림 + 캐러멜

원형으로 자른 반죽형 혹은 접이형 파이 반죽 위에 슈 반죽을 링 모양으로 빙 둘러 짜 굽고, 작은 슈를 구운 후 캐러멜을 묻혀서 링 모양 슈에 붙인다. 중앙에 샹티이(→P227) 혹은 시부스트 크림(→P228)을 알맞게 짜 넣는다.

이 과자는 1840년대 파리의 포부르 생토노레 거리에 있던 과자점 '시부스트(Chiboust)'의 셰프, 오귀스트 쥘리앵(→P234)이 고안했다는 설이 가장 유력하다. 당시에는 브리오슈 반죽으로 만들었는데, 링 모양의 브리오슈 위에 동

그렇게 성형한 작은 브리오슈를 올렸다고 한다. 중앙에는 커스터드 크림을 채우거나 생크림을 채우는 등 여러 시행착오가 있었다. 그래도 시간이 지날수록 크림의 수분 때문에 브리오슈가 축축해지는 것을 막을 수 없었다. 그럼에도 시부스트는 계속해서 생토노레를 판매했다.

이윽고 쥘리앵은 파이 반죽을 바닥 시트로 삼고 그 주변에 캐러멜로 코팅한 슈 반죽을 둘러보자는 아이디어를 떠올렸다. 여기에 과자점 주인인 시부스트가 커스터드 크림에 머랭을 더한 가벼운 크림을 채웠다. 이 크림은 시부스트 크림이라는 이름이 붙여졌고 지금도 다양한 파티스리에 활용되고 있다.

이름에 관해서는 가게가 있는 거리명을 땄다는 설과 브리오슈를 사용했으니 제과, 제빵 장인의 수호성인 성 오노레(Saint Honoré)의 이름을 땄다는 설이 있다.

파리 브레스트

Paris-Brest

프랄린 풍미의 크림이 들어 있는
링 모양의 슈

◇카테고리: 슈 과자
◇상황: 디저트, 티타임
◇구성: 슈 반죽+프랄린 크림+아몬드

아몬드 슬라이스가 콕콕 박혀 있는 링 모양의 슈 사이에 프랄린 페이스트(→P229) 혹은 모슬린 크림(→P228)을 가득 채운다. 구운 견과류와 향긋한 캐러멜의 농축된 맛에 매료된 사람은 한둘이 아니다.

이 고전 과자의 탄생에는 파리에서 브레스트까지 왕복하는 '파리-브레스트-파리 자전거 경주'가 관련되어 있다. 브레스트는 프랑스 북서부 브르타뉴 지방의 군항 도시로, 경주를 주최한 것은 일간지 〈르 프티 저널(Le Petit Journal)〉의 편집장을 맡고 있던 피에르 기파르다. 무려 1200㎞에 이르는 이 자전거 경주는 1891년부터 시작되었다. 1951년까지는 프로를 대상으로 했지만, 그 이후부터는 아마추어가 참가하는 경주로 변경되었고 현재도 이어지고 있다.

1910년에 기파르는 파리 교외인 메종라피트에서 이제 막 과자점을 오픈한 루이 뒤랑에게 이 경주를 기념하는 과자를 만들어달라고 의뢰했다. 메종라피트는 기파르가 1883년부터 생을 다할 때까지 살았던 곳이다. 이에 뒤랑은 자전거 바퀴를 본뜬 링 모양에 아몬드 슬라이스를 뿌려 굽고, 그 속에 프랄린 크림을 채운 과자를 고안해 파리 브레스트라는 이름을 붙였다. 지금도 이 과자점은 '뒤랑(Durand)'이라는 이름으로 이어지고 있다. 여담이지만, 이 경주에 대항하기 위해 등장한 것이 세계적으로 유명한 '투르 드 프랑스'다.

pâtisserie

살람보

Salambo / Salammbô

캐러멜로 뒤덮인 슈크림

◇카테고리: 슈 과자 　◇상황: 디저트, 티타임, 간식
◇구성: 슈 반죽+커스터드 크림+캐러멜

살람보는 타원형 슈에 바닐라로 향을 입힌 커스터드 크림을 채우고 표면을 캐러멜로 덮은 과자다. 이 이름은 1862년에 발표된 귀스타브 플로베르의 고대 카르타고(지금의 튀니지)를 무대로 한 역사소설 《살람보》에서 유래했다고 한다. 《살람보》는 플로베르의 대표작 《보바리 부인》에 이은 두 번째 장편소설로, 작품 속 여주인공의 이름이 제목과 같다. 이 소설을 작곡가인 에르네스트 레이예가 오페라로 만들어 대성공을 거두었다고 한다. 파리 첫 공연은 1892년으로, 과자 역시 이 무렵에 고안된 것으로 추측하고 있다. 당시에는 오페라나 소설에서 영감을 얻은 과자가 많았는데, 트렌드에 따라 상품을 판매하는 것은 예나 지금이나 변함이 없다.

이윽고 요리 · 제과학교인 '르 꼬르동 블루 파리'의 창설에도 관여한 요리인 앙리 폴 펠라프라(1869-1950년대 전반)는 살람보를 글 첫머리처럼 정의했다. 그런데도 근래 캐러멜을 두른 살람보의 모습을 잘 볼 수 없다. 그뿐인가, 프랑스 북부 등지에서는 글랑(→P22)과 혼동하는 경우도 많다. 파리 제과점에서도 글랑을 '살람보'라는 이름으로 판매하는 모습을 심심찮게 볼 수 있다.

* 버터를 손가락으로 눌렀을 때 쉽게 들어가는 정도
** 70%는 거품기를 들어 올렸을 때 뿔이 약하게 서는 부드러운 상태

살람보 (약 15개 분량)

재료

슈 반죽
　무염 버터(실온 상태*)…45g
　박력분…45g
　물…100㎖
　소금…1/5작은술
　달걀(실온 상태)…2개
달걀…적당량
커스터드 크림
　달걀노른자…2개 분량
　설탕…55g
　박력분…10g
　옥수수 전분…15g
　우유…300㎖
　바닐라빈…1/3개
생크림…100㎖
캐러멜
　설탕…100g
　레몬즙…1/2작은술보다 적게
　물…2큰술

만드는 법

1　슈 반죽을 만들어(→P224) 지름 1㎝ 이상 되는 원형 모양 깍지를 끼운 짤주머니에 채운다. 그다음 유산지를 깐 오븐 팬에 길이 6~7㎝, 넓이 3㎝ 정도의 타원형으로 짠다.
2　1의 울퉁불퉁한 표면을 다듬으면서 달걀 푼 것을 바른다.
3　200℃로 예열한 오븐에서 20분, 170℃로 낮추어 15분 더 굽는다.
4　커스터드 크림을 만들고(→P226) 바로 랩을 씌워 냉장고에 넣어둔다.
5　얼음물을 받친 볼에 생크림을 넣고 걸쭉해질 때까지 휘핑한다(70%로 휘핑**).
6　다른 볼에 4의 1/2을 넣고 거품기로 섞어 부드럽게 풀어주고, 여기에 5의 1/3을 더해 잘 섞는다.
7　6을 5에 다시 넣고 고무 주걱으로 거품이 꺼지지 않도록 재빨리 섞어 지름 1㎝의 원형 모양 깍지를 끼운 짤주머니에 채운다.
8　완전히 식은 3의 바닥에 7을 꽂아 크림을 채운다.
9　캐러멜을 만든다. 작은 냄비에 설탕, 레몬즙, 물을 넣고 중불에 끓인다. 옅은 캐러멜색을 띠면 불을 끈다.
10　8의 표면 반 정도가 9에 잠기게끔 묻히고 새 유산지 위에 캐러멜이 묻은 쪽이 아래로 가도록 놓는다.

○ 커스터드 크림은 반만 사용하기 때문에 재료를 반으로 줄여서 만들어도 된다.

디보르세

Divorcé
별칭 / 듀오(Duo)

두 가지 맛을 한꺼번에 즐긴다

◇카테고리: 슈 과자
◇상황: 디저트, 티타임, 간식
◇구성: 슈 반죽＋커스터드 크림＋퐁당＋버터크림

디보르세는 '이혼한', '헤어진'이라는 의미로 이혼율이 높은 프랑스에서는 자주 듣는 단어다. 에클레르(→P12)나 를리지외즈(→P16)에도 기본 크림으로 사용되는 초콜릿과 커피 맛 크림이 하나가 된 형태로, 두 가지를 한꺼번에 맛볼 수 있는 매력적인 과자인데 어째서 좀 더 그럴싸한 이름을 짓지 못했을까? 적어도 이혼이나 이별 문제를 껴안고 있는 커플 앞에는 내놓을 수 없을 것 같다. 이런 부분에서도 과연 프랑스다운 시니컬함을 엿볼 수 있다. 최근 이슈 과자를 듀오라는 이름으로 판매하는 제과점을 발견하곤 한다. 백배는 더 상냥한 이 이름이 나는 훨씬 좋다.

글랑

Gland

재미있는 모양의 슈 과자

◇카테고리: 슈 과자
◇상황: 디저트, 티타임, 간식
◇구성: 슈 반죽＋커스터드 크림＋퐁당＋초코 스프링클

글랑은 '도토리'를 말한다. 어린아이들이 좋아할 만한 모양의 슈 과자이나 알코올이 들어 있는 것이 많다. 도토리 모양으로 짠 슈 속에 키르슈(체리를 이용한 증류주)로 향을 낸 커스터드 크림을 채우고 표면에 옅은 연두색의 퐁당(→P229)과 초코 스프링클을 장식한다. 이 초코 스프링클은 사진으로 보듯이 도토리의 깍정이 부분을 표현한 것이다. 퐁당은 흰색이나 분홍색인 경우도 있다. 샹파뉴 지방(→P148)에서는 흰색 퐁당은 플레인인 커스터드 크림, 연두색은 키르슈 혹은 럼 풍미, 분홍색은 오렌지 향이 나는 프랑스 술인 그랑 마니에(→P231) 풍미로 하여 퐁당 색으로 크림 맛을 알 수 있도록 만든다.

슈케트
Chouquettes

설탕 알갱이를 뿌린 작은 슈

◇카테고리: 슈 과자
◇상황: 티타임, 간식
◇구성: 슈 반죽＋우박 설탕

　16세기 이후의 대다수 문헌, 예를 들어 익명의 의사가 1607년에 저술한《건강의 보배(Le Thrésor de Santé)》등에는 티슈(Tichous)라는 단어가 등장하는데, 이는 '작은 슈'라는 의미의 프랑스어 프티 슈(Petit chou)가 줄어든 말이다. 17세기 문학자 앙투안 퓌르티에르(→P234)가 기록한 작은 슈가 현대의 슈케트에 가까운 형태다. 퓌르티에르에 따르면 '달걀, 버터, 장미수로 만든 반죽에 작은 설탕 알갱이가 콕콕 박혀 있는 가벼운 과자'라고 한다.

슈케트 (약 40개 분량)
재료
슈 반죽 　　　　　　　　　　 달걀…적당량 　무염 버터(실온 상태) 　　　 우박 설탕…적당량 　　…45g 　박력분…45g 　물…100㎖ 　소금…1/5작은술 　달걀(실온 상태)…2개
만드는 법
1　슈 반죽을 만들어(→P224) 지름 1㎝ 원형 모양 깍지를 　 끼운 짤주머니에 채운 후, 유산지를 깐 오븐 팬에 　 지름 2㎝ 정도로 동그랗게 짠다. 2　1의 울퉁불퉁한 표면을 다듬으면서 달걀 푼 것을 　 바르고, 우박 설탕을 뿌린다. 3　200℃로 예열한 오븐에서 20분, 170℃로 낮추어 　 15분 더 굽는다.

밀푀유
Mille-feuilles

와삭바삭한 접이형 파이 반죽의 매력적인 맛

◇카테고리: 파이 과자　◇상황: 디저트, 티타임
◇구성: 파이 반죽＋크림＋슈거파우더 혹은 퐁당

밀(Mille)은 '1000', 푀유(Feuilles)는 '잎사귀들'이라는 의미다. 밀푀유에 사용하는 접이형 파이 반죽은 데트랑프(Détrempe)라 불리는 밀가루 반죽으로, 버터 감싼 것을 3절접기 한 것이다. 이 3절접기를 총 6회 진행하기 때문에 완성된 반죽은 729층이 된다. 층층이 포개진 버터와 밀가루 반죽을 굽기 때문에 버터가 녹을 때 나오는 수증기의 힘으로 밀가루 층이 솟아오르고, 파삭파삭한 얇은 반죽이 몇 층이나 생기는 구조다. 바로 이 모습을 '천 장의 잎'으로 비유한 것이다. 프랑스에서도 권위 있는 《라루스사전》에 따르면 '밀푀유는 접이형 파이 반죽(표면을 캐러멜화시키는 경우도 있음)을 멋스럽게 겹쳐 키르슈, 럼, 혹은 바닐라로 향을 입힌 커스터드 크림을 사이사이에 채워 넣고 슈거파우더나 퐁당(→P229)으로 덮은 케이크다'라고 정의되어 있다.

밀푀유의 퐁당은 왼쪽 사진처럼 흰색 위에 초콜릿색으로 무늬를 내는 방법이 일반적이다. 슈거파우더를 뿌릴 때는 반죽이 보이지 않을 정도로 아낌없이 뿌린다. 접이형 반죽을 구울 때, 설탕(슈거파우더)을 뿌리고 한 번 더 구워 마무리할 때도 있다. 이렇게 하면 표면이 캐러멜화되어 크림의 수분이 닿아도 바삭함이 어느 정도 유지된다. 그래도 밀푀유는 갓 만든 게 가장 맛있다. 파리에서도 흔하진 않지만, 주문을 받고 크림을 채워 '갓 만든 과자'를 제공하는 가게도 있다.

밀푀유의 기원은 전문가 사이에서도 의견이 갈리지만, 현재 모양에 가깝게 완성된 것은 1867년, 파리의 박 거리(유명 파티스리가 즐비한 현재의 7구 거리)에 있던 가게의 제과 장인인 아돌프 쇠뇨라는 설이 신빙성이 높다.

접이형 파이 반죽의 역사

접이형 파이 반죽은 파트 푀이테(Pâte feuille-tée)라고 한다. 반죽을 처음 고안한 인물에 관해서는 여러 설이 있지만, 다음 두 가지가 유력하다. 먼저 17세기의 유명한 화가 클로드 로랭이라는 설로, 화가가 되기 전, 클로드 줄레라는 이름으로 제과 장인 밑에 있었을 때, 반죽에 버터 넣는 걸 깜빡했다가 급하게 섞어 구웠더니 맛있게 완성되었다는 것이다. 다른 하나는 18세기 제과 장인 푀예(Feuillet)이며, 반죽 이름도 그의 이름을 딴 것이라는 설이다. 17세기의 라 바렌(→P235)의 저서 《프랑스의 제과 장인(Le Pâtissier François)》에는 접이형 파이 반죽 레시피가 기록되어 있다. 그리고 19세기에 접어들어 앙토냉 카렘(→P234)이 몇 층이나 접는 현재의 형태를 완성했다고 한다.

플랑
Flan

커스터드를 굳힌 듯
포만감이 있는 과자

◇카테고리: 달걀 과자
◇상황: 디저트, 티타임, 간식
◇구성: 파이 반죽＋달걀＋설탕＋우유

플랑은 먼저 옥수수 전분이나 푸드르 아 플랑(플랑을 굳히기 위한 전용 가루, 커스터드 파우더라고도 부름) 등의 전분을 듬뿍 넣어 걸쭉한 커스터드 크림을 만들어둔다. 이 크림을 반죽형 파이 반죽 또는 접이형 파이 반죽 안에 채워 넣고 표면이 탈 때까지 굽는다. 양갱처럼 탄력 있는 식감이 특징인데, 요즘은 전분류를 소량만 넣어 푸딩처럼 만든 것도 인기가 있다. 일반적으로 바닐라로 향을 입힌 자두나 살구 같은 과일을 넣기도 한다. 프랑스 파티스리의 플랑이라고 하면 보통 이것을 가리키지만, '플랑'이라 불리는 과자의 범위는 꽤 넓다. 공통점은 단맛이든 짠맛이든 달걀을 넣은 액체(아파레유)를 사용한다는 것이다.

플랑의 어원은 '갈레트나 크레프처럼 둥근 모양의 구운 과자'를 의미하는 Flado에서 파생했다고 한다. 중세인 13세기부터 달게 한 플랑을 만들었는데, 처음에는 왕후와 귀족의 식탁에 오르는 시크하고 호화로운 디저트였다. 플랑이라는 이름은 14세기부터 쓰이기 시작했다. 시간이 흐르면서 프랑스는 앙토냉 카렘(→P234)이 고안한 '사과 플랑'과 버터크림을 고안한 장인 키에가 자신의 가게 '메종 키에'에서 팔던 '머랭을 올린 플랑' 등으로 거듭 진화했다. 1900년(초판 1897년)에 출간된 장바티스트 르불의 《프로방스의 여자 요리사(La Cuisinière Provençale)》에 지금 형태와 유사한 플랑이 소개되어 있다고 한다.

퓌이 다무르
Puits d'amour

'사랑의 우물'이라는
로맨틱한 이름

◇카테고리: 파이 과자, 슈 과자
◇상황: 디저트, 티타임
◇구성: 파이 반죽, 슈 반죽+커스터드 크림

사랑의 나라 프랑스다운 이름이 붙은 이 전통 과자는 바닥 시트를 접이형 파이 반죽으로 만드는 것과 슈 반죽으로 만드는 것 또는 생토노레(→P18)처럼 파이 반죽을 바닥에 깔고 그 주위로 슈 반죽을 빙 두르는 것이 있다. 이 시트 안에 바닐라 풍미의 커스터드 크림을 채우고 표면에 설탕을 뿌려 캐러멜화시킨다. 커스터드 크림 대신 시부스트 크림(→P228)을 사용하는 경우도 있다.

퓌이 다무르 레시피가 세상에 처음 등장한 것은 뱅상 라 샤펠(→P235)이 1753년에 저술한 《현대의 요리인(Le Cuisinier Moderne)》에서다. 샤펠은 이 책에서 두 종류의 레시피를 선보였는데, 그중 하나는 접이형 파이 반죽으로 만든 컵 모양의 파이에 레드 커런트(까치밥나무→P207) 또는 레드 커런트의 줄레(과즙만으로 만든 잼)를 채운 가토 퓌이 다무르였다. 이 컵 모양 파이에는 바구니처럼 손잡이가 달려 있었다고 한다. 또 다른 하나는 '프티 퓌이 다무르'라 불리는, 작게 성형해서 구운 반죽형 파이 반죽에 레드 커런트의 줄레를 채운 것이었다. 잼을 커스터드 크림으로 바꾼 이는 니콜라 스토레(→P235)다. 그가 개점한 '스토레(Stohrer)'는 오늘날에도 스토레의 정신을 이어나가고 있는데 퓌이 다무르가 대표 상품이라고 한다. 이름에 관련해서는 여러 설이 있지만 그중에서도 1843년 파리 오페라 코믹 극장에서 상영된 동명 공연을 기념하기 위해서라는 설이 가장 유력하다.

퐁뇌프
Pont-neuf

센강에 놓인 다리의
이름을 딴 과자

◇카테고리: 파이 과자
◇상황: 디저트, 티타임, 간식
◇구성: 파이 반죽+슈 반죽과 커스터드 크림을 합친 것
   +잼+슈거파우더

퐁뇌프(뇌프 다리)는 '새로운 다리'라는 의미로, 시테섬 끝자락에 놓여 있는 2개의 짧은 다리를 합쳐서 퐁뇌프라고 부른다. 현재 센강에 놓여 있는 다리 중에서 가장 오래됐다. 당시는 다리 위에 가게를 차리는 경우가 많았는데, 이 다리는 가게를 차리지 않는다는 새로운 시도가 이루어진 곳이었다.

퐁뇌프는 접이형이나 반죽형 파이 반죽에 슈 반죽과 커스터드 크림을 섞어서 채우고, 띠 모양의 파이 반죽을 교차시켜 굽는다. 한 김 식히고 붉은색 열매의 잼과 슈거파우더로 장식한다. 표면의 십자 모양이 다리와 시테섬이 교차하는 모습을 표현했다고 해서 이런 이름이 붙었다. 1890년에 피에르 라캉(→P235)이 이 과자에 대해 저술했으며, 중세부터 존재했던 탈무즈(Talmouse)라는 파이가 원형이라는 설도 있다.

콩베르사시옹
Conversation

격자무늬의 와삭와삭 파이

◇카테고리: 파이 과자
◇상황: 디저트, 티타임, 간식
◇구성: 파이 반죽+아몬드 크림+아이싱

콩베르사시옹은 '대화'라는 의미다. 접이형 파이 반죽에 아몬드 크림을 채운 후, 표면에 '글라스 루아얄(슈거파우더를 달걀흰자와 레몬즙으로 푼 아이싱)'을 바른다. 그 위에 파이 반죽으로 만든 격자무늬를 얹어 구워내면 독특한 광택과 식감으로 완성된다. '아이싱을 굽는다'라는 이 기술은 이탈리아 과자에서는 본 적이 있지만, 프랑스에서는 이 과자 외에는 본 적이 없다.

1962년에 출간된 《아카데미 요리 사전(Dictionnaire de l'Académie des Gastronomes)》에 따르면 이 과자는 18세기가 끝나갈 무렵에 탄생했다고 한다. 당시 베스트셀러가 된 여류작가 루이즈 데피네의 소설《에밀리아와의 대화(Les Conversations d'Émilie)》(1774년)에서 이름을 따왔다고 적혀 있다.

타르틀레트 핀 오 폼

Tartelette fine aux pommes

얇게 썬 사과를 얹은 파이

◇카테고리: 파이 과자
◇상황: 디저트, 티타임, 간식
◇구성: 파이 반죽+사과+설탕

1인분의 자그마한 타르트를 타르틀레트라고 한다. 동그랗게 자른 접이형이나 반죽형 파이 반죽 위에 얇게 썬 사과를 나선형으로 빙 두르고 설탕이나 작게 자른 버터를 뿌려 굽는다. 간단하면서도 과일 본연의 맛을 살릴 수 있는 조리법이기에 이를 만드는 제과점이 늘고 있다. 사과 이외에 살구나 미라벨(노란색 작은 알갱이의 자두)도 볼 수 있다. 이 두 과일은 초여름부터 초가을까지가 제철이다. 열이 가해지면 산미가 생기기 때문에 설탕을 듬뿍 뿌려서 굽는 것이 포인트다.

타르틀레트 핀 오 폼
(지름 12㎝ 4개 분량)

재료

반죽형 파이 반죽	사과(큰 것)…1개
무염 버터…70g	레몬즙…1/2개 분량
박력분…150g	그래뉴당…4큰술
소금…1/2작은술	
설탕…1큰술	
식용유…1/2큰술	
찬물…1~3큰술	

만드는 법
1 반죽형 파이 반죽을 만들고(→P225) 랩으로 감싸 냉장고에 넣어둔다.
2 사과는 껍질과 심을 제거하고, 3~4㎜ 두께로 부채꼴썰기한다. 레몬즙을 뿌린다.
3 1을 4등분하고, 각각 밀대로 지름 12~13㎝ 정도의 원형이 되도록 민다. 반죽 전체를 포크로 꾹꾹 찍어 구멍을 내고 냉장고에 15분 넣어둔다.
4 2를 4등분하고, 3 위에 나선형으로 빙 두른다.
5 4에 그래뉴당을 흩뿌리고 220℃로 예열한 오븐에서 약 20분 굽는다.

◦ 갓 구운 타르트 위에 바닐라 아이스크림을 올리면 비스트로풍 디저트로 즐길 수 있다.

29

아망딘
Amandine
별칭 / 타르틀레트 아망딘(Tartelette amandine)

아몬드 타르트로 알려진 고전 중의 고전 과자

◇카테고리: 타르트 과자   ◇상황: 디저트, 티타임, 간식
◇구성: 타르트 반죽＋아몬드 크림＋아몬드 슬라이스

pâtisserie

아망드(Amande)는 프랑스어로 아몬드를 말한다. 그리고 아몬드를 가득 사용한 타르트 아망딘은 일반적으로 작은 타르틀레트를 가리킨다. 파트 쉬크레나 파트 사블레(→P227) 등의 타르트 반죽에 아몬드 크림을 채워 위에 아몬드 슬라이스를 뿌려 구워낸다. 마무리로 살구 잼을 발라 광택을 내거나 드레인 체리와 안젤리카(→P231)로 장식하기도 한다. 큼직하게 구워 신선한 과일 타르트 등의 바닥 시트로 사용할 때도 많다. 다만 이때는 아몬드 슬라이스 없이 굽고, 그 위에 커스터드 크림 등을 짜서 신선한 과일을 얹는다.

아망딘의 역사는 17세기인 루이 13세 시대로 거슬러 올라간다. 고안자는 시프리앙 라그노라는 인물로, 그 경력이 무척 독특하다. 라그노는 파리의 생토노레 거리와 라르브르 세크 거리 모퉁이(현재의 파리 1구)에 가게를 연 제과 장인이었는데 후에 프랑스를 대표하는 최대 극작가 몰리에르의 극단에 들어가 무대 배우 겸 시인이 됐다. 게다가 프랑스인 극작가 에드몽 로스탕의 명작 희극 〈시라노 드베르주라크〉에서 주인공 시라노가 자주 들르는 파리 제과점의 파티시에 역할로 출연하여 아망딘의 레시피를

공개하는 신도 있었다. 극 중 대사에서는 세드라(레몬의 원종, 시트론)를 짠 즙과 아몬드 밀크 등을 재료로 언급하고 있다. 〈시라노 드베르주라크〉의 인기와 더불어 아망딘도 한때를 풍미했다고 한다.

타르트 반죽의 역사

타르트는 중세부터 그 존재를 확인할 수 있다. '작은 타르트'라는 의미인 타르틀레트도 타유방(→P235)이 쓴 중세 요리서 《르 비앙디에(Le Viandier)》에서 처음 등장한다고 한다. 타르트는 반죽이 바닥에만 있지만, 윗부분까지 반죽으로 감싼 것은 투르트(Tourte)라고 한다. '파이'를 떠올리면 이해하기 쉬울 수도 있다(→P227). 투르트의 역사는 고대 로마 시대로까지 거슬러 올라간다. 투르트라는 단어는 '둥글게 만들다, 뭉치다'는 뜻의 라틴어 Torquere에서 둥근 빵을 뜻하는 후기 라틴어의 Panis tortus로 파생한 것이 어원이라고 한다.

예쁘게 진열된 타르틀레트들

31

타르트 부르달루
Tarte Bourdaloue

서양배와 아몬드 타르트

◇카테고리: 타르트
◇상황: 디저트, 티타임
◇구성: 타르트 반죽＋아몬드 크림＋서양배＋아몬드

타르트 부르달루는 쉽게 말해 아망딘(→P30) 위에 시럽에 졸인 서양배를 얹어 구운 것이다. 고안되었을 당시에는 잘게 부순 마카롱을 뿌려 장식했다고 한다. 이 타르트가 나타나면서 아몬드 크림 위에 과일을 올려 굽는 유형의 타르트가 만들어졌다. '부르달루'라는 말을 들으면 프랑스 사람들은 아마 매력적인 설교로 사람들을 매료시킨 17세기 예수회의 설교자 루이 부르달루를 떠올리지 않을까? 이 인물은 철학자 볼테르에게 '왕의 설교자이자 설교자

의 왕'으로 회자되는 인물이다. 하지만 이 사람의 이름이 붙여진 것은 아니다. 이 과자는 현재 파리 9구에 있는 부르달루 거리에 가게를 연 제과 장인 파스켈이 1850년 즈음에 고안한 것이라고 한다. 물론 이 거리명은 루이 부르달루의 이름에서 따왔다. 이 주변은 루이 18세 때 개발 지구로 지명되었고, 1824년에 한 거리가 개통되었는데 노트르담 드 로레트 성당 서쪽으로 뻗은 이 거리가 바로 부르달루 거리다.

파리 9구 부르달루 거리의 이름이 적힌 간판

바르케트
Barquette

작은 배 모양의 미니어처 과자

◇카테고리: 타르트 과자
◇상황: 디저트, 티타임, 간식
◇구성: 타르트 반죽+아몬드 크림+크림+초콜릿 혹은 퐁당

바르케트의 본뜻은 '작은 바르크(Barque, 작은 배)'로 즉, '작고 작은 배'가 된다. 바르케트 틀이라는 잎사귀 모양의 전용 틀로 타르트 반죽을 먼저 굽고, 아몬드 크림을 채워 한 번 더 구워 지지대를 만든다(아몬드 크림을 채우지 않는 경우도 있음). 이 위에 배의 돛 모양이 되도록 마롱 크림이나 버터크림을 짜고 초콜릿이나 퐁당(→P229)으로 감싼다. 장식은 가게에 따라 다양하다. 전체 반을 차지하는 윗부분의 크림으로 마롱 외에 커피 풍미나 키르슈 풍미의 버터크림 등을 쓰기도 한다. 프랑스로 건너갔던 1990년대 후반에는 동네 작은 제과점에서도 두어 종류는 항상 진열되어 있었던 기억이 난다. 하지만 시대가 바뀌면서 점점 만들지 않게 된 파티스리 과자 중 하나가 되었다.

시부스트
Chiboust

커스터드와 머랭 크림이
주인공인 과자

◇카테고리: 타르트 과자
◇상황: 디저트, 티타임, 간식
◇구성: 타르트 반죽+시부스트 크림+과일

오귀스트 쥘리앵(→P234)이 처음 만들었다고 하는 생토노레(→P18)에는 시부스트 크림(→P228)이 사용된다. 시부스트 크림은 커스터드 크림과 이탈리안 머랭(→P51)을 합쳐서 만든다. 커스터드 크림(달걀노른자만 사용)을 만들다 보면 달걀흰자만 남게 되는데 이를 활용할 수 있어서 무척 매력적인 크림이다. 그리고 이 크림이 주인공이 되는 파티스리를 시부스트라고 부른다. 스펀지 등의 반죽과 조합하기도 하지만, 타르트 반죽과 조합하는 것이 일반적이다. 먼저 타르트 반죽만을 굽고(Cuire a blanc) 캐러멜로 코팅한 사과나 서양배를 올린다. 그 위에 시부스트 크림을 듬뿍 얹어 표면을 캐러멜화한다. 겉모습은 퓌이 다무르와도 비슷하다.

타르트 오 프뤼이

Tarte aux fruits

생과일을 곁들인 타르트계의 꽃

◇카테고리: 타르트 ◇상황: 디저트, 티타임
◇구성: 타르트 반죽+크림+과일

타르트 중에서도 신선한 과일을 사용하는 이 유형은 진열장 안에서도 유독 눈길을 끄는 존재다. 프랑스 제과점에서 파는 타르트 오 프뤼이(과일 타르트)는 크게 두 종류로 나눌 수 있다. ❶ 아몬드 슬라이스를 생략한 아망딘(→P30) 위에 크림을 짜서 생과일을 올린 것. ❷ 타르트 부르달루(→P32)처럼 과일을 아몬드 크림과 함께 구운 것. ❶에 짜는 크림은 커스터드 크림, 샹티이(→P227), 크렘 레제르(→P228) 등이다. 딸기나 라즈베리처럼 한 종류의 과일만 올리는 타르트가 있는가 하면 딸기, 포도, 사과, 키위, 프랑스판 귤인 클레멘타인(→P207) 등

여러 과일을 조합하기도 한다. 마무리는 나파주 뇌트르(→P229)를 녹여서 바르거나, 슈거파우더를 솔솔 뿌린다. 이 책에서는 아몬드 크림을 생략하고 바로 커스터드 크림을 채우는 레시피를 소개한다.

케이크 택의 Tutti frutti는 이탈리아어로 '모든 과일'이라는 의미. 이름에 걸맞게 다채로운 과일로 장식되어 있다

* 밑이 뚫린 금속 원형 틀

타르트 오 프뤼이 (지름 18cm 세르클* 1개 분량)

재료	만드는 법
타르트 반죽	1 타르트 반죽을 만들어(→P225) 랩으로 감싸 냉장고에 30분 넣어둔다.
무염 버터(실온 상태)…50g	2 1을 밀대로 지름 22cm 정도의 원형이 되도록 밀고, 반죽 전체를 포크로 꾹꾹 찍어 구멍을 낸다.
슈거파우더…30g	3 유산지를 깐 오븐 팬에 세르클을 놓고 2를 띠 안으로 팬닝한 후 남은 반죽은 잘라낸다. 냉장고에 15분 넣어둔다.
소금…1꼬집	4 커스터드 크림을 만들어(→P226) 볼에 넣고, 바로 랩을 씌우고 냉장고에 넣는다.
달걀노른자…1개 분량	5 3을 180℃로 예열한 오븐에서 25~30분간 굽는다(→P225).
박력분…100g	6 딸기는 씻고 꼭지를 따서 키친타월로 물기를 제거한다. 세로로 4등분한다.
우유…1작은술	7 체리도 씻고 꼭지는 남겨두고 키친타월로 물기를 제거한다.
커스터드 크림	8 4를 거품기로 섞어 부드럽게 풀고, 키르슈를 더해 잘 섞는다. 원형 모양 깍지를 끼운 짤주머니에 채운다.
달걀노른자…2개 분량	9 완전히 식은 5의 바닥에 8을 소용돌이 모양으로 둥그렇게 짠다.
설탕…55g	10 9 위에 6, 7을 장식한다.
박력분…10g	
옥수수 전분…15g	
우유…300㎖	
바닐라빈…1/3개	
딸기…1팩	
체리…5개	
키르슈…1~2큰술	

타르트 오 시트롱
Tarte au citron

새콤달콤한 필링이 인기인 타르트

◇카테고리: 타르트　　◇상황: 디저트, 티타임
◇구성: 타르트 반죽+레몬 크림

타르트 오 시트롱은 '레몬 타르트'라는 의미다. 새콤달콤한 이 타르트는 특히 프랑스 여성들이 무척 좋아해서 인기 파티시에들이 앞다투며 독특하고 창의적인 디자인을 창작하고 있다. 프랑스의 타르트 오 시트롱은 크게 세 종류로 나눌 수 있다. ❶타르트 반죽을 먼저 굽고, 커스터드 크림을 만들 때 우유 대신 레몬즙을 넣는 크렘 오 시트롱(레몬 크림 / 레몬 커드와 유사함)을 채운 것. ❷❶에 머랭을 올려 살짝 그을린 것. ❸커스터드 푸딩을 만들 때 우유 대신 레몬즙을 넣고 이를 타르트 반죽에 채워 필링과 반죽을 함께 구운 것. 프랑스에서는 ❶과 ❷가 주류다. ❶은 아름다운 레몬옐로색의 고급스러운 타르트로 완성할 수 있고, ❷는 레몬 크림을 만들 때 남는 달걀흰자까지 활용할 수 있다는 저마다의 이점이 있다. 이 책에서는 레몬 크림의 산미를 완화하기 위해 샹티이(→P227)를 더한 레시피를 소개한다.

레몬 크림만 채운
타르트 오 시트롱

머랭을 올리는 타입의
타르트 오 시트롱

타르트 오 시트롱 (지름 18㎝ 세르클 1개 분량)

재료	만드는 법
타르트 반죽 　무염 버터(실온 상태)…50g 　슈거파우더…30g 　소금…1꼬집 　달걀노른자…1개 분량 　박력분…100g 　우유…1작은술 **레몬 크림** 　달걀…1개 　달걀노른자…1개 분량 　설탕…80g 　옥수수 전분…2작은술 　레몬즙…50㎖ 　레몬 껍질(간 것)…1/2개 분량 　무염 버터(실온 상태)…10g **샹티이** 　생크림…100㎖ 　설탕…1큰술	1　타르트 반죽을 만들어(→P225) 랩으로 감싸 냉장고에 30분 넣어둔다. 2　1을 밀대로 지름 22㎝ 정도의 원형이 되도록 밀고, 반죽 전체를 포크로 꾹꾹 찍어 구멍을 낸다. 3　유산지를 깐 오븐 팬에 세르클을 놓고 2를 띠 안으로 팬닝한 후 남은 반죽은 잘라낸다. 냉장고에 15분 넣어둔다. 4　3을 180℃로 예열한 오븐에서 25~30분간 굽는다(→P225). 5　레몬 크림을 만든다. 볼에 달걀을 넣어 잘 풀어주고 달걀노른자, 설탕을 넣고 거품기로 잘 섞는다. 6　5에 옥수수 전분, 레몬즙, 레몬 껍질을 순서대로 넣으면서 잘 섞는다. 7　6을 작은 냄비로 옮겨 담아 약불에 올린다. 냄비 바닥에 고무 주걱으로 8자를 그리면서 걸쭉해질 때까지 저어준다. 걸쭉해지면 냄비 바닥을 얼음물로 식힌다. 8　한 김 식은 7에 버터를 넣고, 거품기로 섞는다. 9　샹티이를 만들고(→P227) 랩을 씌워 냉장고에 넣는다. 10　완전히 식은 8에 9의 1/3을 더해 잘 섞는다. 11　10을 9에 다시 넣고 고무 주걱으로 거품이 꺼지지 않도록 재빨리 섞는다. 12　완전히 식은 4에 11을 넣어주고 스푼 뒷면을 사용해 무늬를 낸다.

타르트 오 쇼콜라
Tarte au chocolat

농후한 초콜릿을 사용한 심플 타르트

◇카테고리: 타르트
◇상황: 디저트, 티타임, 간식
◇구성: 타르트 반죽+가나슈+달걀

타르트 오 쇼콜라는 '초콜릿 타르트'를 말한다. 프랑스의 타르트 오 쇼콜라는 크게 두 종류로 나눌 수 있다. ❶구워둔 타르트 반죽에 가나슈(→P229)를 채워 식히면서 굳힌 것. ❷살짝만 구운 타르트 반죽에 달걀을 섞은 가나슈를 채워 한 번 더 구운 것. ❶은 손쉽게 만들 수 있다는 장점이 있지만 프랑스에서는 ❷가 일반적이다. 가나슈는 일반적으로 녹인 초콜릿과 생크림을 1:1로 섞어서 만든다고 생각하면 된다. 하지만 생크림 일부를 우유로 바꾸거나 무염 버터를 추가하는 등 얼마든지 재구성할 수 있다. ❷의 필링에는 우유나 무염 버터, 설탕을 추가하기도 한다.

프랑스 쇼콜라티에가 만드는 타르트 오 쇼콜라는 각별하다. 타르트 반죽에도 코코아파우더를 넣고 가나슈의 초콜릿 또한 품질이 다르다. 이런 전문가들이나 유명 파티시에 사이에서는 발로나 초콜릿이 인기다.

가토 오 프로마주 블랑

Gâteau au fromage blanc

프랑스판 구운 치즈 케이크

◇카테고리: 치즈 과자
◇상황: 디저트, 티타임, 간식
◇구성: 타르트 반죽+프레시 치즈 필링

가토 오 프로마주 블랑은 프랑스어로 '치즈 케이크'를 뜻한다. 미국이나 한국에서는 크림 치즈를 사용하지만, 프랑스에서는 프로마주 블랑(→P230)이라는 요거트를 닮은 부드러운 흰색 프레시 치즈를 사용한다. 완성품은 마치 폭신폭신한 수플레 치즈 케이크 같다. 레몬 껍질이 들어가지만 레몬즙은 넣지 않기 때문에 산미가 덜한 보드라운 맛이다.

독일의 케제쿠헨(독일어로 '치즈 케이크'라는 뜻)이 국경을 넘어 알자스 지방(→P148)으로 전파되어 프랑스 전체로 퍼졌다고 한다. 알자스에서는 타르트 오 프로마주 블랑(Tarte au fromage blanc)이라고 부르며, 타르트 반죽이 바닥뿐만 아니라 측면에도 있는 형태다. 최근에는 크림치즈를 사용한 미국식 치즈 케이크가 프랑스 제과점에서도 만들어지고 있다. 미국식이 인기가 있기 때문일 수도 있지만, 프로마주 블랑을 사용하면서 영어로 치즈 케이크라고 표기해서 파는 가게도 있다.

바바 오 럼
Baba au rhum

럼 시럽을 머금은 촉촉함이 매력인 과자

◇카테고리: 발효 과자　◇상황: 디저트, 티타임
◇지역: 로렌 지방　◇구성: 파이 반죽(발효 반죽)+럼 시럽

pâtisserie

럼은 술인 '럼'을 말한다. 비교적 단단한 발효 반죽을 럼 시럽에 듬뿍 적시기 때문에 씹지 않아도 입안에서 사르르 녹는다. 이 과자의 탄생에는 폴란드 국왕이자 로렌 공국의 스타니스와프 레슈친스키 공작이 깊이 연관되어 있다. 그의 딸 마리 레슈친스키는 수많은 정부를 둔 루이 15세에게 시집갔는데, 남편이 바람을 피우지 않게끔 부녀가 머리를 맞대고 맛있는 과자와 요리를 만들어 루이 15세에게 먹였다는 유명한 에피소드가 남아 있다. 한편, 단 걸 좋아한 레슈친스키 공작은 치통에 시달렸다고 한다. 그런 그라도 맛있게 먹을 수 있게끔 고안된 것이 바바였다.

18세기의 어느 날, 바바는 탄생했다. 그 탄생 비화에는 두 가지 설이 존재하는데 여러 부분에 이견이 있다. 우선은 탄생지. 그가 폴란드 왕이었던 시대에 망명했다고 알려진 알자스 지방의 비상부르라는 마을이라는 설과 로렌이라는 공작 작위를 받은 이후, 그의 성이 있었던 뤼네빌이나 그 중심 도시인 낭시라는 설도 있다. 다음으로 토대가 된 발효 과자에 대해서는 쿠글로프(→P₁₅₂)를 사용했다는 설과, 바브카라는 폴란드 전통 발효 과자를 사용했다는 설이 있다. 적시는 알코올은 헝가리의 토커이(귀부 와인)라는 설, 스페인의 달콤한 와인 말라가라는 설이 있다. 발효 과자를 술에 적셔 부드럽게 만든다는 아이디어를 낸 인물에 관해서는 레슈친스키 공작 자신이라는 설과 그를 시중들던 인물이라는 설이 있다. 끝으로 바바라는 이름의 어원에 관해서는 바브카가 변했다는 설, 당시 레슈친스키 공작이 애독하던 책 《천일야화》에서 '알리바바와 40인의 도적'을 좋아해서 주인공 알리바바의 이름을 붙였다는 설도 있다. 현재의 모양으로 만든 이는 니콜라 스토레(→P₂₃₅)다. 스토레가 1730년에 파리에서 오픈한 '스토레'에는 바바 반죽에 커스터드 크림과 럼 레이즌이 채워진 '알리바바'라는 상품이 있었는데 스토레가 레슈친스키 공작의 명을 받고 바바를 토대로 고안한 과자라고 전해지고 있다.

1990년대 후반 무렵까지는 파리 제과점에서 바바나 사바랭(→P₄₂)을 사면 그 자리에서 병에 든 럼 시럽을 직접 뿌려주곤 했다. 최근에는 취향에 맞게 조절할 수 있게끔 스포이드에 럼 시럽을 넣어 꽂아놓기도 한다. 바바도 분명 진화하고 있다.

스포이드가 꽂힌 진화된 바바 오 럼

사바랭
Savarin

미식가를 위한 오마주

◇카테고리: 발효 과자　◇상황: 디저트, 티타임
◇구성: 사바랭 반죽(발효 반죽)+시럽+크림

《미식 예찬(Physiologie du goût)》의 저자이자 '당신이 무엇을 먹는지 내게 알려준다면, 당신이 어떤 사람인지 말해주겠다'와 '한 나라의 운명은, 그 나라의 식생활을 영위하는 방식에 달려 있다' 등 수많은 명언을 남긴 장 앙텔름 브리야사바랭(1755~1826). 사바랭은 법률가이면서 정치가이기도 했지만, 미식가로서도 프랑스의 미식 업계에 엄청난 영향을 끼친 인물이다. 그의 이름을 붙인 크리미하면서 농후한 흰

곰팡이 치즈가 있는데 과자 사바랭보다 유명하지는 않다.

사바랭을 고안한 이는 오귀스트 쥘리앵(→P234)이다. 19세기 중반, 루이 필리프의 통치하에 부르스 광장 근처에 쥘리앵 삼 형제가 제과점을 열었다. 이 가게는 파리 증권거래소(Bourse)에서 일하는 사람들 사이에서도 인기를 얻었다. 1845년, 오귀스트 쥘리앵은 당시 인기 메뉴였던 바바 오 럼(→P40)을 위대한 장

사바랭 (사바랭 틀 5개 분량)	
재료	**만드는 법**
사바랭 반죽	1 틀에 버터(분량 외)를 바르고 강력분(분량 외)을 뿌린다.
미지근한 물(30~40℃)…2큰술	2 반죽을 만든다. 미지근한 물에 이스트를 넣어 가볍게 섞고 그대로 5분 둔다.
인스턴트 드라이이스트…2작은술	3 작은 내열 용기에 버터를 넣고 전자레인지(600W 내외)로 약 40초 가열해 녹인다.
무염 버터…40g	4 볼에 강력분, 설탕, 2를 더해 손으로 가볍게 섞는다.
강력분…150g	5 4에 달걀을 1개씩 넣으면서 날가루가 보이지 않을 때까지 손으로 반죽한다.
설탕…30g	6 5에 소금을 넣고 주걱으로 5분 치댄다.
달걀…2개	7 6에서 3을 두 번에 나누어 넣고, 잘 섞는다. 어느 정도 섞이고 난 후 5분 더 치댄다.
소금…2/3작은술	8 7에 박력분을 넣고 날가루가 보이지 않을 때까지 섞는다.
박력분…1큰술	9 8에 랩을 씌우고 30~40℃ 정도인 장소에(혹은 오븐 발효 기능을 사용해서) 1시간 둔다.
커스터드 크림	10 9가 2~3배로 부풀면 반죽을 주먹으로 누르면서 가스를 뺀다.
달걀노른자…2개 분량	11 10을 5등분하여 1에 넣고 표면을 평평하게 한다.
설탕…55g	12 180℃로 예열한 오븐에서 약 20분간 굽는다.
박력분…10g	13 커스터드 크림을 만들고(→P226) 바로 랩을 씌우고 냉장고에 넣는다.
옥수수 전분…15g	14 럼 시럽을 만든다. 작은 냄비에 설탕을 넣고 설탕이 젖을 수 있도록 물을 두르고 중불에 올린다. 끓기 시작하면 약불로 바꾸고 5분 정도 조린다.
우유…300㎖	15 14를 볼에 옮겨 담고 한 김 식힌 후 럼을 넣어 잘 섞는다.
바닐라빈…1/3개	16 다른 볼에 13의 1/2을 넣고 거품기로 섞어서 부드럽게 풀고, 별 모양 깍지를 끼운 짤주머니에 채운다. 냉장고에 넣어둔다.
럼 시럽	17 12를 거꾸로 눕히면서 15에 적셔 어느 정도 크게 부풀면 꺼낸다.
설탕…100~120g	18 17의 구멍에 16을 짜 넣고 드레인 체리와 안젤리카를 장식한다.
물…300㎖	
럼…4큰술(60㎖)	○ 커스터드 크림은 반만 사용하므로 1/2 분량의 재료만 사용해도 된다.
드레인 체리(빨강)…5개	○ 커스터드 크림 대신에 샹티이(생크림 150㎖+설탕 1과 1/2큰술 →P227)을 이용해도 좋다.
안젤리카…약간	

앙텔름 브리야사바랭을 위한 오마주로서 재구성해 과자 사바랭을 탄생시켰다. 그래서 처음에는 '브리야사바랭'으로 이름 지었다고 한다. 쥘리앵은 바바에 넣던 건포도를 넣지 않는 대신, 잘게 썬 오렌지 당절임을 넣었다. 틀도 링 모양으로 바꾸고 식힌 후에 표면에 살구 잼을 발라 광택을 냈다. 그리고 링 구멍 부분에 커스터드 크림이나 샹티이(→P227)를 가득 채워 살라드 드 프뤼이(→P134)를 장식했다. 후에 쥘리앵의 스승이었던 시부스트가 커스터드 크림과 휘핑한 생크림 합친 것을 사용해 크림을 좀더 가볍게 만들었다고 한다.

바바 오 럼에서 변형된 사바랭. 눈으로 볼 때 둘의 가장 큰 차이는 모양과 크림의 유무일 것이다. 또 사바랭은 럼이 아닌 키르슈 시럽을 사용하기도 한다. 그러나 오늘날에는 바바와 사바랭의 경계선이 모호해지고 있는 듯하다. 예를 들어 니콜라 스토레(→P235)의 바바 샹티이처럼 크림을 올린 바바가 있는가 하면, 프랑스의 스타 셰프 시릴 리냑이 만드는, 사바랭 모양에 크림이 중앙에 가득 차 있는 바바 오 럼도 있다. 다만, 바바 오 럼은 비스트로 레스토랑에서 인기 있는 디저트지만, 사바랭을 디저트로 내놓는 가게는 별로 없다. 서로 닮아 있는 사바랭과 바바 오 럼이기에 앞으로 어떻게 공존하고 진화해갈지 무척이나 기대된다.

상티이를 올리는 타입의 사바랭

사바랭의 전신 바바 오 럼(→P40)을 고안해낸 가게 스토레

폴로네즈
Polonaise
별칭 / 브리오슈 폴로네즈(Brioche polonaise)

머랭으로 감싼 브리오슈 케이크

◇카테고리: 발효 과자
◇상황: 디저트, 티타임
◇구성: 브리오슈+커스터드 크림+당절임 과일+아몬드

폴로네즈는 '폴란드인, 폴란드의 것'이라는 뜻인데 여성명사에 붙는 형용사가 명사화된 것이다. 따라서 폴로네즈는 여성만을 가리키며 폴란드인 남성은 '폴로네'가 된다. 애초에 이 과자는 팔고 남은 브리오슈 아 테트(머리가 볼록하게 나온 작은 브리오슈, 별칭은 브리오슈 파리지엔느)를 재활용하기 위해 고안된 파티스리라고 한다. 브리오슈가 여성명사라서 브리오슈 폴로네즈로 변하고, 여기에서 브리오슈가 생략된 것이리라. 어째서 '폴란드'일까 하는 물음

에는 머랭에 뒤덮인 모습이 폴란드인의 새하얀 피부를 표현하고 있기 때문이라는 의견이 있다. 그렇다면 왜, 굳이 머랭을 그을리는지에 대한 의문이 남는다.

만드는 법은 다음과 같다. 우선 브리오슈를 얇게 썰고 키르슈나 럼 시럽에 적신다. 브리오슈 사이사이에 잘게 썬 당절임 과일을 넣은 커스터드 크림을 바른다. 이탈리안 머랭으로 전체를 감싸고 아몬드 슬라이스를 뿌려 표면에 구움색이 날 때까지 오븐에서 굽는다.

폴로네즈의 역사는 19세기로 거슬러 올라가는데 프랑스뿐만 아니라 이탈리아나 미국에서도 유사한 타입의 디저트가 탄생했다고 한다. 마음이 아프지만, 이것 또한 파리의 제과점에서 점점 사라지는 과자 중 하나다.

오페라

Opéra

초콜릿과 커피의 호화로운 하모니

◇카테고리: 초콜릿 과자   ◇상황: 디저트, 티타임
◇구성: 조콩드 반죽＋커피시럽＋커피 버터크림＋가나슈＋초콜릿

반지르르한 초콜릿 코팅에 금박까지. 그 모든 것이 시크하다. 매우 얇고 섬세한 조콩드 반죽(→P228)은 커피시럽을 듬뿍 머금고 있다. 조콩드 반죽, 커피 풍미의 버터크림, 가나슈(→P229)를 이중으로 겹겹이 쌓은 이 케이크는 양주를 사용했다는 착각이 들 정도로 향이 좋고 어른에게 꼭 맞는 맛이다. 하지만 알코올은 단 한 방울도 들어가지 않는다. 오페라는 초콜릿을 사용한 프랑스 고전 과자 중에서도 인기가 많아 부동의 1위 자리를 지키고 있다.

오페라라고 하면 1955년에 '달로와요(Dalloyau→P234)'에서 고안되었다는 게 정설이다. 그러나 사실 오페라의 원형은 달로와요가 고안하기 이전에 이미 있었다. 오페라의 원형이 된 케이크를 고안한 인물은 제1차세계대전 이후, 바스티유 광장 바로 옆에 가게를 재개시킨 루이 클리시라는 제과 장인이다. 오페라의 원형인 케이크는 그의 이름을 딴 '클리시'였다. 그후 클리시에게 가게를 양도받은 제과 장인 마르셀 뷔가가 자연스레 케이크 클리시의 레시피도 얻게 된다. 몇 년 후, 뷔가는 친척들을 초대해 디너파티를 주최했고 이때 클리시도 내놓았는데 뷔가의 사촌 형제가 무척이나 좋아했다고 한다. 그 사촌 형제가 바로 달로와요의 오너였고, 이름을 클리시에서 오페라로 바꾸어 자기 가게에서 팔기 시작한 것이다. 이 오페라는 알다시피 파리 중심에 있는 가르니에 오페라극장에서 유래한 이름이다. 지붕 위로 우뚝 솟은 금 조각상을 나타내기 위해 오페라 표면에 금박을 얹는 등 달로와요는 그 이름에 걸맞은 디저트로 재탄생되었다. 다른 제과점에서는 표면에 초콜릿으로 Opéra라고 적은 것도 눈에 띈다.

평범한 동네 제과점에 진열된 오페라(왼쪽)와 퓌이 다무르(오른쪽→P27)

이름의 유래가 된 가르니에 오페라극장

루아얄

Royal
별칭 / 트리아농(Trianon)

초콜릿과 프랄린의 깊은 맛

◇카테고리: 초콜릿 과자
◇상황: 디저트, 티타임
◇구성: 다쿠아즈 반죽＋프랄린을 넣은 크루스티앙 크림*＋
　　　초콜릿 크림＋코코아파우더

　　　　　　　　　　　　　　　　　　　　　　　* 프랄린 페이스트에 푀이틴이라는 콘플레이크와
　　　　　　　　　　　　　　　　　　　　　　　　비슷한 것을 섞은 바삭한 크림

　다쿠아즈 반죽(→P228) 위에 프랄린 페이스트(→P229)와 푀이틴(매우 얇은 쿠키를 부순 플레이크)을 합친 크루스티앙 크림을 바른 얇은 층이 있고 그 위에는 초콜릿 무스 혹은 녹인 초콜릿과 샹티이(→P227)를 섞은 샹티이 쇼콜라의 두꺼운 층이 있다. 장식은 가게마다 다양하지만 사진처럼 표면 전체에 코코아파우더를 뿌린 것이나 반들반들한 글라사주 미루아르(→P229)로 코팅한 것도 종종 보인다. 초콜릿을 사용한 고전 과자가 사라지고 있는 와중에

도 이 케이크는 굳건히 인기를 유지하고 있는 듯하다.

　루아얄은 '왕, 왕가의 것'이라는 의미다. 별칭인 트리아농 또한 루이 14세가 지은 베르사유궁전 정원의 이궁(離宮) 이름이다. 어느 쪽이든 고귀한 이름임은 틀림없다. 하지만 이 케이크가 언제쯤, 누구에 의해 고안되었는지는 알 수 없어 아쉬울 따름이다.

초콜릿 케이크에 대하여

프랑스 사람은 남녀노소를 불문하고 초콜릿을 무척 좋아한다. 가정에서 만드는 디저트 중에서 첫 번째로 꼽히는 것 또한 초콜릿 케이크인 가토 오 쇼콜라(→P145)다. 레시피에 따라 '퐁당'이 되기도 하고, '무알르'가 되기도 하지만 초콜릿을 듬뿍 사용하는 이 케이크는 부동의 인기를 누리고 있다. 프랑스 슈퍼마켓엔 약 200g의 큼직한 제과용 판초코가 일반 판초코와 함께 진열되어 있을 정도다.

파티스리에서 어떤 초콜릿 케이크를 파는지 살펴보자. 우선 진열된 케이크의 약 30%가 초콜릿을 사용한다. 봄부터 여름에 걸쳐서는 초콜릿류가 줄어들고 과일을 사용한 것이 늘어난다. 가을부터 겨울에 걸쳐서는 커피 맛이나 프랄린 맛의 케이크 등과 함께 초콜릿류도 늘어나는 경향이 있다.

초콜릿을 사용한 고전 과자의 대표급인 오페라(→P46), 루아얄(→P48)도 아직 여러 가게에서 만들고 있다. 독일에서 태어난, 체리를 조합해 만든 포레 누아르(→P58)도 인기가 있다. 이런 고전 과자 이외에는 창작 초콜릿 케이크로 분류되며, 이때가 파티시에의 실력을 뽐낼 순간이다. 예를 들어 세 가지 초콜릿만으로 구성하거나 라즈베리나 오렌지 등 과일류와 초콜릿을 조합하는 등 파티시에들은 다양한 아이디어를 펼치고 있다.

기억 속에 남겨두었으면 하는 대표적인 초콜릿 고전 과자를 이곳에 소개해둔다.

롱샹(Longchamp) / 파리 교외에 있는 경마장 이름이며, 다쿠아즈 반죽(→P228)+초콜릿 맛의 버터크림 혹은 초콜릿 무스+머랭+초콜릿+아몬드 조각으로 구성. 다크 초콜릿 버전과 밀크 초콜릿 버전이 있다.

콩코르드(Concorde) / '조화'라는 뜻. '르노트르(Lenôtre)'의 창업자 가스통 르노트르(→P234)가 고안한 초콜릿 케이크로, 코코아 파우더를 넣은 머랭+초콜릿 무스로 구성.

피유 도톤(Feuille d'automne) / '가을 잎'이라는 뜻. 1986년에 가스통 르노트르가 고안한 초콜릿 케이크. 케이크 위에 프레지당(아래 참조)보다 두꺼운 초콜릿 무스를 장식한다. 쉭세 반죽(→P228)+머랭+초콜릿 무스+초콜릿으로 구성.

프레지당(Président) / '대통령'이라는 뜻. 리옹의 오래된 쇼콜라티에 '베르나숑(Bernachon)'의 창작 초콜릿 케이크이자 주요 상품이다. 1975년에 요리인 폴 보퀴즈(→P235)가 프랑스 최고 훈장인 레지옹 도뇌르를 대통령에게 받았을 때 만들었다. 초콜릿 스펀지 반죽+프랄린 가나슈(→P229)+체리 리큐르 풍미의 체리+초콜릿으로 구성.

맨 오른쪽 케이크가 롱샹

초콜릿을 레이스처럼 올린 아름다운 프레지당

므랑그

Meringue

달걀흰자와 설탕을 휘핑해 만든 맛있는 아트

◇카테고리: 머랭 과자　◇상황: 디저트, 티타임, 간식
◇구성: 달걀흰자+설탕

달걀흰자에 설탕을 넣어 뽀얗게 될 때까지 휘핑해서 만드는 '머랭'을 프랑스어로는 '므랑그'라고 한다. 머랭은 만드는 법에 따라 세 종류로 나뉜다. 어느 정도 뽀얗게 거품 낸 달걀흰자에 설탕을 넣어 다시 휘핑하는 것을 '프렌치 머랭'이라 하며, 주로 케이크나 수플레 등의 반죽에 넣을 때 사용한다. 달걀흰자와 설탕(슈거파우더)을 합쳐 중탕하면서 휘핑하는 것을 '스위스 머랭'이라 하며 프랑스에서는 구운 머랭이나 바슈랭(Vacherin→P52), 파블로바(Pavlova→P52)의 바닥 시트 등을 만들 때 사용한다. 소량의 설탕과 함께 어느 정도 거품을 낸 달걀흰자에 뜨거운 시럽을 넣으면서 휘핑하는 것을 '이탈리안 머랭'이라고 하며 크림이나 무스, 머랭 타르트의 장식, 마카롱 등에 사용한다.

6세기에 동로마제국의 한 의사가 달걀흰자를 휘핑하면 뽀얗게 된다는 사실을 발견했다고 한다. 프랑스에서는 르네상스 시대로 접어들고 난 이후부터 이를 요리에 활용하게 됐다고 한다. 1651년에는 라 바렌(→P235)의 저서 《프랑스의 요리사(Le Cuisinier François)》가 출간되었는데 현재의 이탈리안 머랭에 가까운 방식을 사용한 레시피가 등장하기도 했다(→P95).

머랭은 스위스의 작은 마을 마이링겐의 가스파리니라는 제과 장인이 1720년 무렵에 고안했다고 한다. 전문가들은 신빙성이 떨어진다며 수군거리기도 하지만, 후에 루이 15세의 왕비였던 마리 레슈친스키가 먹었다는 이야기도 있어 이 마을 이름을 따서 머랭이라 지었다는 설이 유명하다.

프랑스 제과점에 진열된 거대한 머랭 과자를 보고 놀란 사람은 나뿐만이 아닐 것이다. 제과점에서 커스터드 크림 등을 만들다 보면 어쩔 수 없이 달걀흰자가 잔뜩 남는다. 이 달걀흰자를 활용하기 위해 머랭 과자나 머랭을 바닥 시트로 한 케이크 등을 만들기도 한다. 의외로 잘 모르는 사람이 많지만, 몽블랑(→P53)은

강아지 모양으로 짠
귀여운 머랭 과자

머랭 케이크의 대표급이다. 구운 머랭 사이사이에 아이스크림이나 셔벗을 채운 바슈랭 또한 머랭 케이크다. 이 아이스크림 케이크 이름이 바슈랭인 이유는 '바슈랭 몽도르'라는 치즈 모양을 본떠서 만들었기 때문이라고 한다. 다만 카망베르 치즈보다 모양이 조금 더 클 뿐, 별다른 특징이 있는 것은 아니어서 굳이 '바슈랭'이 아니어도 될 것 같다.

2015년에 전문점이 생겨나기 시작하면서 차츰차츰 그 이름이 알려진 파블로바는 머랭을 바닥 시트로 삼고 휘핑한 생크림과 신선한 과일을 올리는, 그 가벼운 식감과 사랑스러운 비주얼이 인기 비결이다. 파블로바는 1920년대에 만들어졌으며, 러시아인 발레리나 안나 파블로바의 이름을 딴 디저트다. 그 발상지로는 오스트레일리아와 뉴질랜드가 언급되고 있다.

머랭은 습기가 있으면 순식간에 축축해지고 만다. 바삭, 폭신하면서도 고소한 향을 음미하면서 먹을 수 있는 것은 다름 아닌 프랑스의 건조한 공기 덕분이다.

커다랗고 화려한 머랭 과자

파블로바를 중심으로 한 머랭 전문점
'라 므랑게(La Meringaie)'

몽블랑
Mont-Blanc

마롱 크림으로 표현한 설산

◇카테고리: 머랭 과자
◇상황: 디저트, 티타임
◇구성: 머랭 + 샹티이 + 마롱 크림

몽블랑은 알다시피 높이가 4000m인 유럽 알프스산맥의 최고봉으로, 프랑스와 이탈리아 두 나라 사이에 걸쳐져 있다. 이탈리아어로는 몬테 비앙코라고 하는데 둘 다 '흰 산'이라는 뜻이다. 몽블랑은 15세기 말, 이탈리아에서 탄생했으며 1620년 무렵에 프랑스로 전해졌다고 한다. 이것을 1903년에 파리의 오래된 티하우스 '앙젤리나(Angelina)'가 오픈하면서 함께 창업했던 앙투안 룀펠마이예를 통해 널리 알려졌다고 한다. 또한, 파리 국립도서관의 조

사에 따르면 몽블랑은 20세기에 앙젤리나의 주방에서 고안되었다는 설도 있다고 한다. 게다가 마롱 크림을 얇게 짜내 빙글 돌리면서 덮는다는, 지금은 일반화된 몽블랑의 모양을 생각해낸 것도 앙젤리나로, 당시 여성의 머리 모양을 보고 힌트를 얻었다고 한다. 프랑스의 몽블랑은 머랭, 샹티이(→P227), 마롱 크림으로 구성되어 있다. 한국에서는 스펀지 반죽을 많이 사용했지만, 최근에는 타르트, 머랭 등을 많이 사용한다.

전통적인 형태의 몽블랑

불
Boule
별칭 / 테트 드 네그르(Tête de nègre) 외 다수

검고 동글동글한 머랭 과자

◇카테고리: 머랭 과자
◇상황: 디저트, 티타임, 간식
◇구성: 머랭＋크림＋스프링클

불은 프랑스어로 '공'이라는 뜻이다. 사진 속 과자로 살펴보자면 먼저 반구형으로 구운 머랭 2개 사이에 초콜릿 버터크림을 끼우고 겉면에도 골고루 발라 초콜릿 스프링클을 꼼꼼히 뿌렸다. 정식 명칭이 정해져 있지 않아서 가게에 따라 다르다는 것도 특징이라 할 수 있다. 요즘에는 차별적인 용어가 된 검둥이(Nègre)라는 단어를 넣은 테트 드 네그르(검둥이 머리)나 테트 오 쇼콜라(Tête au chocolat, 초콜릿 머리), 오셀로(Othello) 등이 있다. 아마 셰익

스피어의 주인공 오셀로의 피부가 까무잡잡했기 때문이리라.

불과 같은 타입의 머랭 과자에는 메르베이유(Merveilleux)가 있다. 북프랑스와 벨기에의 향토 과자로, 머랭 과자에 초콜릿을 넣은 샹티이(→P227)를 바르고 긁어낸 초콜릿을 뿌린다. 노르 지방의 중심 도시인 릴의 메르베이유 전문점 '오 메르베이유 드 프레드(Aux Merveilleux de Fred)'가 파리에도 진출해 인기를 끌고 있다.

앞쪽 한가운데가 오 메르베이유 드 프레드의 메르베이유. 커피 맛과 프랄린 맛 등 그 종류도 다양하다

디플로마트
Diplomate
별칭 / 앙바사되르(Ambassadeur)
푸딩 아 라 디플로마트(Pudding à la diplomate)

고급스러운 프랑스풍 푸딩

◇카테고리: 리사이클 과자
◇상황: 디저트, 티타임, 간식
◇구성: 달걀+설탕+우유+핑거 비스킷 등의 반죽+
  당절임 과일 또는 건포도

디플로마트를 쉽게 말하면 빵 푸딩에서 빵
대신 케이크 반죽을 넣었다고 생각하면 된다.
케이크 반죽은 핑거 비스킷이나 스펀지 반죽,
브리오슈를 사용해도 된다. 이를 원하는 크기
로 잘라 달걀, 설탕, 우유로 만든 아파레유, 잘
게 썬 당절임 과일이나 건포도를 고루 섞은 후
에 틀에 넣고 오븐에서 굽는다. 완전히 식히고
커스터드 소스를 곁들여 낸다. 아, 키르슈나 럼
등으로 향을 내는 것도 잊지 말아야 한다.

디플로마트는 '외교관'이라는 뜻이며 다른
별칭인 앙바사되르도 '대사, 외교관'이란 뜻이
다. 이 디저트가 탄생한 것은 역사적으로 유명
한 빈회의(1814~1815)에서였다고 한다. 이 회의
에 프랑스 대표로 참석한 사람이 바로 앙토냉
카렘(→P.234)의 고용주, 당시 외교관이었던 샤
를 모리스 드 탈레랑이다. 물론 카렘도 빈에
동행했다. 회의가 진행되는 동안 자주 개최한
디너파티에서 카렘이 만든 요리가 인기를 끌
며, 그 이름을 떨쳤다는 일화는 유명하다. 탈
레랑이 카렘에게 부탁했는지, 긴 논쟁이 이어
지는 회의를 보며 카렘이 아이디어를 낸 것인
지는 알 수 없지만, 시간에 구애받지 않고 언
제나 맛있게 먹을 수 있도록 고안된 디저트가
디플로마트였다고 한다.

피그
Figue

귀여운 초록색 무화과

◇카테고리: 리사이클 과자
◇상황: 디저트, 티타임, 간식
◇구성: 반죽 + 생크림이나 녹인 버터 + 건과일이나 당절임 과일

　피그는 프랑스어로 '무화과'를 말한다. 프랑스에서는 녹색 무화과도 자색처럼 대중적이다. 초록색 부분은 마지팬으로 만들고, 속에는 신기한 조각이 들어 있다. 이 신기한 조각이란 자르고 남은 자투리 반죽에 양주로 절인 건과일이나 당절임 과일, 때로는 아몬드 가루나 코코아파우더 등을 섞어 생크림이나 녹인 버터 등의 액체류를 넣고 부드럽게 만든 것이다. 파티스리에서 일하던 시절, 반죽의 끄트머리나 자르고 남은 자투리가 제법 생긴다는 사실에 매번 놀라곤 했다. 자투리 반죽에 섞는 재료는 가게마다 달라서 맛, 색, 질감도 달라진다. 이를 둥글게 만들어 녹색 마지팬으로 감싸면 피그가 되고, 타원형으로 만든 것을 분홍색 마지팬으로 감싸 장식하면 아기 돼지 프티 코숑(Petit cochon)이 된다. 타원형을 흰색 마지팬으로 감싸 우묵하게 만들어 코코아파우더를 뿌리면 감자 폼 드 테르(Pomme de terre)가 된다. 이 세 종류가 마지팬으로 감싼 리사이클 과자의 대표 메뉴다.

분홍색 마지팬으로 감싼 귀여운 아기 돼지들

프레지에
Fraisier

봄을 알리는 딸기 케이크

◇카테고리: 케이크
◇상황: 디저트, 티타임
◇구성: 스펀지 반죽+모슬린 크림+딸기

프레지에는 직역하면 '딸기나무'로, 딸기 과실뿐만 아니라 줄기와 잎도 포함된 식물 그 자체를 가리키는 단어다. 케이크 프레지에는 풍성하게 장식된 딸기와 빨간색과 분홍색 장식이 진열장을 산뜻하게 만들며 우리에게 봄이 왔음을 알려준다.

이 케이크는 키르슈로 적신 스펀지 두 장 사이에 모슬린 크림(→P228)과 신선한 딸기를 끼운다. 표면은 퐁당(→P229)이나 얇게 펼친 마지팬으로 덮고 그 위에 딸기를 얹어 사랑스럽게 마무리한다.

지금의 프레지에는 딸기를 사용한 케이크가 조금씩 진화하면서 만들어진 결과물이라고 할 수 있는데 언제쯤, 누구에 의해 고안된 것인지는 모호하다. 피에르 라캉(→P235)은 1900년에 출간한 저서 속에서 프레지에 데 부아(Fraisier des bois, 숲의 딸기)에 대해 언급한 적이 있는데 이를 소개하면 다음과 같다. 먼저 키르슈로 적신 스펀지에 프레지에 데 부아라는 향이 좋고 알맹이가 작은 딸기를 장식하고 휘핑한 생크림을 얹는다. 그리고 옅은 분홍색의 퐁당, 프레지에 데 부아, 피스타치오를 순서대로 장식하여 마무리한다고 적혀 있다. 이 글만 놓고 보면 지금의 프레지에와 무척 닮았다. 이후, 1960년대에 가스통 르노트르(→P234)가 고안한 바가텔(Bagatelle)이 등장한다. 이 케이크는 파리 근교의 장미로 유명한 바가텔 공원에서 이름을 따 붙였는데, 프레지에를 유명하게 만드는 데 큰 도움을 준 케이크다.

포레 누아르
Forêt-Noire

독일에서 태어난 체리 케이크

◇ 카테고리: 초콜릿 과자
◇ 상황: 디저트, 티타임
◇ 구성: 코코아 스펀지 반죽+샹티이+체리+초콜릿

　포레 누아르는 프랑스어로 '검은 숲'이라는 뜻이다. 이 케이크는 본래 독일의 대표 과자로서 국경을 넘어 전 세계에서 사랑받고 있다. 독일어명은 '슈바르츠밸더 키르쉬토르테'. 슈바르츠발트는 독일어로 '검은 숲'이라는 의미로, 실제로 독일 남서부에 있는 큰 숲을 가리킨다. 프랑스에서 키르슈라 하면 체리 증류주를 말하지만, 독일에서는 체리 자체를 말한다.

　이 케이크는 키르슈에 적신 원형 코코아 스펀지 반죽, 샹티이(→P227), 사워 체리를 켜켜이 쌓고 샹티이와 긁어낸 초콜릿을 뿌려 마무리

한다. 하지만 최근 프랑스에서는 사진처럼 재구성한 것이 많다. 반죽의 검정, 크림의 흰색, 체리의 빨강이라는 배색은 검은 숲에 사는 젊은 여성의 민족의상 색을 흉내 냈다는 의견도 있다. 그 민족의상(Dirndl)이 검은 치마에 소매가 동그랗게 부푼 흰 셔츠를 입고 머리에는 붉은 실뭉치 장식이 가득 달린 모자를 쓰기 때문이다.

　독일 내에서 이 케이크의 고안자로는 두 명이 언급되고 있다. 약 백 년 전의 일이라고 하는데 두 사람 중 누구인지는 아직 확실하지 않다고 한다.

직사각형이지만 오리지널에 가까운 구성의 포레 누아르

모카

Moka

커피 크림 케이크

◇카테고리: 케이크
◇상황: 디저트, 티타임
◇구성: 스펀지 반죽+커피 버터크림+아몬드

모카는 유럽 쪽으로 커피를 출하하던 항구가 있던 예멘의 도시명이다. 이런 이유로 제과계에서도 '모카=커피 맛'이라는 방정식이 세워졌다. 모카라 이름 지어진 이 케이크 또한 스펀지 반죽과 커피 맛 버터크림으로 구성되어 있다.

모카는 1857년, 뷔시 거리(현재의 파리 6구)에 가게를 운영했던 제과 장인 귀나르가 고안했다고 한다. 가게는 귀나르의 스승이었던 유명한 제과 장인 키에로부터 양도받은 것으로, 키에는 버터크림을 고안한 인물이다. 그래서 버터크림은 오래도록 '키에 크림'으로 불렸다. 키에의 버터크림은 현재도 거의 바뀌지 않았다. 만드는 법은 다음과 같다. 먼저 달걀노른자에 조금씩 뜨거운 시럽을 넣으면서 전체가 식을 때까지 계속해서 저어주다가 마지막에 실온 상태의 부드러운 버터를 더해 섞어준다. 귀나르가 고안한 모카는 케이크 전체를 커피 맛(후에 초콜릿 맛도 만듦) 크림으로 바르고 측면에는 잘게 썬 아몬드를 붙였다. 당시 막 발명된 짤주머니에 별 모양 깍지를 끼운 후 크림을 빙 두르고 커피콩을 올려 장식했다고 한다.

말라코프(Malakoff)라는 커피 맛 고전 과자도 있다. 이는 다쿠아즈 반죽(→P.228) 사이에 커피 무스를 펴 바른 것이다. 크림전쟁에서 프랑스 장군이 탈환한 '말라코프 탑'을 기념하여 지어진 이름이라고 한다.

뷔슈 드 노엘
Bûche de Noël

클래식한 크리스마의 장작 모양 케이크

◇카테고리: 케이크　◇상황: 디저트, 축하용 과자
◇구성: 롤 케이크 반죽+버터크림+럼 레이즌

뷔슈 드 노엘은 '크리스마스 장작'이라는 뜻이다. 프랑스에서는 예나 지금이나 변함없이 크리스마스이브에 가족이 모두 모여 성탄절을 기념한다. 먼 옛날, 한밤중에 열리는 미사를 기다리는 동안 시간을 보내기 위해 각자 장작을 들고 모였다는 관습에서 탄생한 것이 바로 이 케이크다. 원래는 롤 케이크를 이용해 장작 모양을 만들었지만, 지금은 터널 같은 틀을 사용해서 무스 계통의 뷔슈 드 노엘을 만드는 것이 주류다. 피에르 라캉(→P235)은 조사를 거듭한 결과, 이 케이크의 고안자는 뷔시 거리 14번지(현재 파리 6구)에 제과점을 운영하던 제과 장인 앙투안 샤라보인 것 같다고 저서에 적은 적이 있다.

뷔슈 드 노엘 (길이 20cm 1개 분량)

재료

럼 레이즌
　건포도…70g
　럼…50㎖

롤 케이크 반죽
　박력분…30g
　옥수수 전분(또는 전분)…30g
　달걀…3개
　설탕…60g
　식용유…1큰술

모카 버터크림
　인스턴트커피…1큰술
　럼…1큰술
　달걀노른자…1개 분량
　슈거파우더…50g
　무염 버터(실온 상태)…200g

뜨거운 물…1큰술

만드는 법

1. 럼 레이즌을 만든다. 건포도를 뜨거운 물에 10분 불리고 부드러워지면 물기를 짜고 럼을 뿌린다.
2. 사방이 30cm가 되게끔 자른 유산지의 모서리를 접고 스테이플러로 찍어 넓이 25cm, 높이 2.5cm가 되는 정사각형 틀을 만든다.
3. 반죽을 만든다. 박력분과 옥수수 전분을 합쳐 잘 섞는다.
4. 볼에 달걀을 넣고 거품기로 잘 섞는다.
5. 4에 설탕을 넣어 볼 바닥을 중탕하면서 뽀얗고 걸쭉하게 떨어지는 상태가 될 때까지 거품을 낸다.
6. 5에 식용유를 넣어 가볍게 섞는다. 3을 체로 쳐서 넣고 날가루가 보이지 않을 때까지 고무 주걱으로 자르듯이 섞는다.
7. 2를 오븐 팬 모서리에 맞춰 깔고 6을 붓는다.
8. 180℃로 예열한 오븐에서 약 12분간 굽는다.
9. 다 구워지면 바로 랩을 씌운다. 한 김 식으면 유산지를 벗겨내고, 벗긴 유산지 위에 올려 유산지와 함께 랩으로 감싼다.
10. 크림을 만든다. 인스턴트커피를 럼으로 잘 녹인다.
11. 볼에 달걀노른자, 슈거파우더를 넣고 거품기로 잘 섞는다.
12. 11에 10을 넣고 섞는다.
13. 12에 실온 상태의 부드러운 버터를 조금씩 넣으면서 버터 덩어리가 보이지 않을 때까지 섞는다.
14. 1의 건포도를 뺀 럼에 뜨거운 물 1큰술을 넣고 9의 구움색이 난 면 전체에 솔로 바른다.
15. 14의 앞쪽 1cm, 뒤쪽 1cm에 공간을 남겨두고, 12의 1/2을 바르고, 14의 건포도를 전체에 골고루 뿌린다.
16. 15의 앞쪽부터 빈틈이 생기지 않게끔 단단히 만다. 말아서 끝난 이음매 부분이 바닥을 향하게 하여 유산지로 감싸서 냉장고에 1시간 넣어둔다.
17. 양 끝을 1cm 두께로 잘라낸다. 한쪽 끝을 3cm 두께로 한 번 더 잘라내고 케이크 위에 얹는다.
18. 남은 13을 빗살 모양 깍지를 끼운 짤주머니에 채워 케이크 전체에 짠다.
19. 취향에 맞는 크리스마스 장식으로 꾸민다.

　○ 빗살 모양 깍지가 없다면 케이크 표면에 크림을 바르고 포크로 선을 긋는다.

갈레트 데 루아
Galette des rois

공현절에 먹는
아몬드 크림 파이

◇카테고리: 파이 과자
◇상황: 디저트, 티타임, 축하용 과자
◇구성: 파이 반죽+크렘 프랑지판

갈레트 데 루아는 '왕의 둥근 구움과자'라는 뜻이다. 프랑스에서는 1월 6일 에피파니(공현절→P63)에 이 과자를 먹는 습관이 있다. 파리를 포함한 프랑스 북부에서는 사진처럼 접이형 파이 반죽에 프랑지판 크림(→P228) 채운 것을, 프랑스 남부에서는 당절임 과일이 장식된 링 모양의 브리오슈를 먹는다. 갈레트 속에 숨어 있는 페브(도자기로 만든 작은 인형이나 오브제)가 당첨되어 누가 왕이 될지 결정하는 것 또한 이 과자만의 즐거움이다. 모인 사람들 중 최연소

인 사람을 테이블 아래에 숨게 하고, 사람 수 대로 자른 갈레트를 누구 접시에 담을 것인지, 혹은 갈레트를 담은 그릇을 누구에게 줄 것인지 지시한다. 페브가 당첨된 사람은 왕관을 쓰고 그날 하루 왕이 된다.

이러한 관습의 유래는 고대 로마 시대로 거슬러 올라간다. 농경의 신 사투르누스를 기리는 그 무렵의 제사가 기독교 시대에 에피파니와 섞였고, 이를 기념하게 되었다. 페브는 '누에콩'을 말하는데, 이 관습이 시작된 고대 로마 시대는 빵 안에 말린 누에콩을 넣었기 때문이다. 현재는 도자기 인형 등으로 바뀌었지만, 이름만은 이어지고 있다. 누에콩을 넣은 이유는 봄에 열매를 맺는 첫 작물이기도 하고, 태아의 모양과 비슷한 까닭에 '생명의 상징'으로서 여겨왔기 때문이라고 한다.

Colonne 3

프랑스 종교 행사와 과자에 대하여

프랑스에는 기독교 행사와 관련된 디저트가 많다.
기독교가 들어오기 이전부터 존재했던
고대 로마 신들을 기리는 축제와
당시 음식 사정이 복합적으로 어우러져
현재의 형태가 되었다는 점이 흥미롭다.

1월 6일
에피파니
(공현절)
갈레트 데 루아→P62

에피파니는 '예수 그리스도가 사람들 앞에 공식적으로 나타난 것을 축하하는 날'이다. 예수는 12월 25일에 태어났다지만 동방박사 세 사람이 갓난아기 예수를 경배하면서부터 그 탄생이 세상에 널리 알려졌다. 그널리 알려진 날을 바로 1월 6일로 지정한 것이다. 프랑스 남부에서는 브리오슈 반죽으로 갈레트 데 루아를 만든다.

2월 2일
샹들뢰르
(성촉절, 성모 마리아의 정결례를 기념하는 축일)
크레프→P102, 나베트→P218

12월 25일 노엘(크리스마스)로부터 40일째에 해당하는 날로 마리아가 생후 40일 된 예수 그리스도의 정결 예식을 치른 것에서 유래했다. 교회에서는 일제히 밀랍으로 만든 초를 밝혀 악한 기운을 막아내는 등 그해의 풍년을 기원하는 날이기도 하다. 샹들뢰르는 '납촉'이라는 뜻의 '샹델'에서 파생되었다. 농가에서는 밀의 씨를 뿌리는 시기와 맞물리는데, 이때 남은 밀을 가루로 빻아 크레프를 만들어 먹으면서 봄을 기다렸다고한다. 오늘날에도 크레프를 먹는 습관은 이어지고 있는데, 마르세유에서는 크레프가 아닌 나베트를 먹는 습관이 있다.

갈레트 데 루아(a),
갈레트 데 루아 안에 들어
가는 페브(b)
다양한 모티브의 페브를
수집하기도 한다

2월부터 3월
카니발(사육제)
마르디 그라(비옥한 화요일)
크레프→P102, 뷔뉴→P198, 고프르→P162

금식이 의무화되는 사순절에 들어가기 전, 고기를 먹고 술을 마시는 등 성대하고 화려하게 즐기는 축제가 바로 카니발이다. 이 기간에 크레프, 베녜(튀김 과자), 고프르 등을 만들어 먹었다. 특히 카니발 마지막 날에 해당하는 마르디 그라(Mardi gras)에는 지금도 크레프를 먹는 습관이 남아 있다.

3월 하순부터 4월 하순
파크(부활절)
초콜릿 등

십자가에 매달려 죽은 예수 그리스도가 3일 후에 부활한 것을 기념하는 축일이다. '춘분이 지나고 첫 만월 다음의 일요일'로, 다음날인 월요일도 함께 축일이 된다. 이때는 '생명', '탄생', '다산' 등을 연상케 하는 달걀, 암탉, 토끼, 병아리 등을 본뜬 초콜릿이나 케이크가 제과점 진열장에 놓인다. 알자스 지방에는 관련한 특별한 과자가 있다(→P156).

5월 상순부터 6월 상순
팡트코트(성령강림절)
콜롱비에

파크로부터 50일째 되는 날이다. 예수 그리스도의 제자들 머리 위로 성령이 강림하고 동시에 성령의 말씀을 공유하는 장소인 교회가 탄생한 것을 기념하는 축일이다. 프랑스 제2의 도시 마르세유 일대에서는 콜롱비에(Colombier)라 불리는 구움과자를 먹는다. 이 과자는 프랑스 남부 특산품인 아몬드를 곱게 갈고, 멜론이나 살구 등 당절임 과일을 섞어 구운 버터케이크다.

12월 6일
성 니콜라스의 날
마넬레 / 마나라, 팽 데피스→모두 P156

어린이의 수호성인 성 니콜라스가 죽은 날로, 어린이를 위한 축제 날이기도 하다. 성 니콜라스의 풍채와 용모, 어린이들에게 선물을 줬다는 일화 등이 현대의 크리스마스 관습과 겹치는 부분이 많다. 알자스로렌 지방에서는 브리오슈 반죽으로 만든 사람 모양 빵을 먹는다. 성 니콜라스의 모습을 한 납작한 팽 데피스가 나오기 시작한 것도 이때부터다.

12월 25일
노엘(크리스마스)
뷔슈 드 노엘 등

예수 그리스도의 탄생을 축하하는 날. 크리스마스이브에 뷔슈 드 노엘(→P60)을 먹는다. 프랑스 남부에서는 트레즈 데세르(Treize desserts)라고 해서 13종의 디저트를 먹는 관습이 있다. 13종류란 올리브유로 반죽한 브리오슈를 중심으로 견과류나 건과일, 칼리송(→P216)이나 누가(→P116) 등 다채롭다. 알자스에서는 견과류나 건과일을 굳힌 베라베카(→P158)를 먹는다. 과일을 수확할 수 없는 겨울이기에 트레즈 데세르와 베라베카는 더욱더 특별한 디저트다.

건과일과 견과류를 사용한 이 시기만의 작은 과자도 있다. 바로 '가장한 과일'이라는 뜻의 프뤼이 데기제(Fruits déguisés)다. 프랑스어로 건과일과 견과류는 모두 프뤼이 섹(Fruits secs)이기 때문에 프뤼이 데기제의 프뤼이는 당절임 과일 같은 것을 가리킨다. 이런 재료들을 다양한 색의 마지팬과 조합해 그래뉴당을 뿌리거나 투명한 설탕 막으로 코팅한다. 1990년대 후반까지만 해도 크리스마스가 다가오면 동네 제과점에서 쉽게 볼 수 있었는데 요즘은 거의 보기 힘들다.

카니발 시기에 프랑스 남부에서 먹는 '오레이에트'라는 이름의 베녜

성 니콜라스를 본뜬 팽 데피스

둥지 모양으로 만든 부활절 초콜릿 케이크. 장식으로는 주로 토끼나 병아리가 등장한다

파리 제과점의 뷔슈 드 노엘

마르세유의 제과점에서 팔고 있던 장식이 화려한 콜롱비에

프뤼이 데기제

케크 오 프뤼이

Cake aux fruits

별칭 / 케크 오 프뤼이 콩피(Cake aux fruits confits)

알록달록한 모자이크 무늬의 과일 케이크

◇카테고리: 케이크 ◇상황: 디저트, 티타임, 간식
◇구성: 밀가루+버터+달걀+설탕+건과일+당절임 과일

케크 오 프뤼이는 '과일 케이크'라는 뜻이다. 정확한 시대는 알 수 없으나 영국의 '자두 푸딩'을 흉내 내어 만들어졌다고 한다. 원래 영국에서는 건과일이라고 하면 '자두'를 가리켰고, 그 이름대로 자두만 사용했다. 말려서 먹는 과일 종류가 늘어나자 자두는 건과일을 총칭하는 단어가 됐고, 당시의 흔적이 과자 이름으로 남아 있다.

케크 오 프뤼이는 럼에 절인 프뤼이 콩피(Fruits Confits), 즉 당절임 과일이나 건포도 같은 건과일을 넣은 파운드케이크다. 이 케이크의 주역인 당절임 과일은 이미 고대에서부터 존재했다. 르네상스 시대의 사람들은 생과일 먹는 것을 꺼렸기 때문에 '당절임'이라는 보존기술이 발달했다. 1999년 인류 멸망 예언으로 유명한 점성술사 노스트라다무스는 의사 겸 약초 제조사이기도 했는데, 이탈리아에서 익힌 잼 등의 당절임 기술을 책에 기록해 프랑스에 널리 보급했다.

프랑스 남부에서는 예로부터 과일 재배가 활발하다 보니 자연스레 당절임 과일이 만들어지게 되었다. 프로방스 지방의 압트라는 마을은 오래전부터 당절임 과일을 특산품으로 만들어왔고 지금도 당절임 과일의 마을로 알려져 있다. 압트에 가면 칼리송(→P216)에 사용되는 설탕에 절인 멜론 외에도 살구, 클레멘타인, 무화과, 서양배 등 보석처럼 반짝이는 아름다운 당절임 과일을 만날 수 있다.

케크 오 프뤼이 (17.5×8×6cm 파운드 틀 1개 분량)

재료
건포도…100g
럼…1큰술
건살구…50g
건자두(씨 없는 부드러운 것)…50g
드레인 체리(빨강)…15g
드레인 체리(초록)…15g
박력분…150g
베이킹파우더…1작은술
무염 버터(실온 상태)…100g
설탕…60~70g
달걀(실온 상태)…2개
오렌지필(5mm 크기로 깍둑썬 것)
 …30g

만드는 법
1 틀에 유산지를 깐다.
2 건포도를 뜨거운 물에 10분 불리고 부드러워지면 물기를 짜고 럼을 뿌린다.
3 살구와 자두는 건포도 크기로, 드레인 체리는 반으로 자른다.
4 박력분과 베이킹파우더를 합쳐 잘 섞는다.
5 볼에 버터를 넣고, 거품기로 부드럽게 푼다.
6 5에 설탕을 조금씩 넣으면서 뽀얗고 폭신해질 때까지 거품을 낸다.
7 6에 달걀을 1개씩 넣으면서 잘 섞는다.
8 럼을 제거한 2, 3, 오렌지필에 4의 1/4을 체로 쳐서 넣는다.
9 7에 남은 4를 체로 쳐서 넣고 8도 넣어 날가루가 보이지 않을 때까지 고무주걱으로 자르듯이 섞는다.
10 1에 9를 넣고, 랩을 씌워 냉장고에 하룻밤 넣어둔다.
11 180℃로 예열한 오븐에서 1시간 굽는다.

○ 반죽이 틀에서 흘러넘칠 것 같을 때는 틀의 긴 쪽 측면에 두꺼운 종이를 찔러 넣는다.

케크 마르브레
Cake marbré
별칭 / 가토 마르브레(Gâteau marbré)

대리석 무늬의 블랙 & 화이트 케이크

◇카테고리: 케이크   ◇상황: 디저트, 티타임, 간식
◇구성: 밀가루+버터+달걀+설탕+코코아가루

1931년에 창업한 과자 브랜드 브로사르(Brossard)는 1962년에 사반(Savane)이라는 대리석 무늬(Marbré) 파운드케이크를 출시했는데 순식간에 인기 상품이 되었다. 사반의 등장으로 케이크에 대리석 무늬를 넣는 기술이 프랑스에 퍼져나갔다고 한다.

케크 마르브레 (17.5×8×6㎝ 파운드 틀 1개 분량)

재료

무염 버터(실온 상태)…150g
설탕…100g
소금…1꼬집
달걀(실온 상태)…3개
박력분…75g+60g
베이킹파우더…2작은술
코코아파우더(무가당)…15g

만드는 법

1 틀에 유산지를 깐다.
2 볼에 버터를 넣고, 거품기로 부드럽게 푼다.
3 2에 설탕을 조금씩 넣으면서 소금도 넣어 뽀얗고 폭신해질 때까지 거품을 낸다.
4 3에 달걀을 1개씩 넣으면서 잘 섞는다.
5 4를 2등분하여 다른 볼에 1/2을 넣는다.
6 박력분 75g과 베이킹파우더 1작은술을 합쳐 잘 섞는다.
7 박력분 60g, 코코아, 남은 베이킹파우더를 합쳐 잘 섞는다.
8 5의 1/2에 6을 체로 쳐서 넣고, 날가루가 보이지 않을 때까지 고무 주걱으로 자르듯이 섞는다.
9 5의 1/2에 7을 체로 쳐서 넣고, 날가루가 보이지 않을 때까지 고무 주걱으로 자르듯이 섞는다.
10 1에 8과 9를 각각 1/4씩 2단으로 나누어 교차하면서 채운다.
11 10이 마블 무늬가 되게끔 젓가락으로 S자를 두 번 그린다. 랩을 씌우고 냉장고에 하룻밤 넣어둔다.
12 180℃로 예열한 오븐에서 1시간 굽는다.

○ 반죽이 틀에서 흘러넘칠 것 같을 때는 틀의 긴 쪽 측면에 두꺼운 종이를 찔러 넣는다.

케크 위켄드

Cake week-end
별칭 / 케크 오 시트롱(Cake au citron)

반투명한 설탕 옷을 걸친 레몬 케이크

◇카테고리: 케이크
◇상황: 디저트, 티타임, 간식
◇구성: 밀가루＋버터＋달걀＋설탕＋사워크림＋레몬

파리의 오래된 가게 '달로와요'(→P234)가 파리 시민들을 타깃으로 삼아 주말(Weekend)에 사가게끔 1955년에 고안한 레몬 맛의 파운드케이크다. Weekend는 영어지만, '좋은 주말 보내시길(Bon week-end)' 하는 인사가 있을 정도로 프랑스어 속에 깊숙이 침투해 있다. 프랑스에서는 케크 위켄드의 봉긋하게 부푼 윗부분을 살짝 잘라내고 뒤집어 설탕 옷을 입혀 판매하는 경우가 많다. 하지만 이 책에서는 낭비하는 부분이 없도록 부풀어 오른 위쪽을 그대로 두었다.

케크 위켄드
(17.5×8×6㎝ 파운드 틀 1개 분량)

재료

무염 버터…50g	레몬 껍질(간 것)…1개 분량
박력분…120g	
베이킹파우더…1작은술	글라사주
달걀(실온 상태)…2개	┃ 레몬즙…1개 분량
설탕…100g	┃ 슈거파우더…30g
사워크림…50g	

만드는 법

1 틀에 유산지를 깐다.
2 내열 용기에 버터를 넣고 전자레인지(600W 내외)로 약 1분 가열하여 녹인다.
3 박력분과 베이킹파우더를 합쳐 잘 섞는다.
4 볼에 달걀을 넣어 잘 풀어주고 설탕을 넣고 거품기로 잘 섞는다.
5 4에 한 김 식은 2, 사워크림, 레몬 껍질을 순서대로 넣으면서 잘 섞는다.
6 5에 3을 체로 쳐서 넣고, 날가루가 보이지 않을 때까지 고무 주걱으로 자르듯이 섞는다.
7 1에 6을 채우고 160℃로 예열한 오븐에서 1시간 굽는다.
8 글라사주를 만든다. 레몬즙 2작은술을 따로 덜어두고 나머지는 7의 표면 전체에 바른다.
9 레몬즙 2작은술과 슈거파우더를 잘 섞어 8에 바른다.

팽 드 젠
Pain de Gênes

아몬드 가루가 들어간 부드러운 식감

◇카테고리: 케이크   ◇상황: 디저트, 티타임, 간식
◇구성: 옥수수 전분+버터+달걀+설탕+아몬드

팽 드 젠은 '제노바의 빵'이라는 뜻으로, 제노바는 이탈리아 북부에 있는 도시 이름이다. 과자인데도 빵이라 부르는 것은 바나나 케이크를 '바나나 브레드'라고 부르는 것과 비슷한 원리다. 제노바의 빵은 표면에 뿌려진 아몬드 슬라이스뿐만 아니라 반죽에도 아몬드 가루가 듬뿍 들어 있는 구움과자다.

1855년에 포부르 생토노레 거리의 유명 제과점 '시부스트'의 셰프인 제과 장인 포벨이 고안했다고 한다. 포벨은 생토노레(→P18)와 사바랭(→P42)을 고안한 오귀스트 쥘리앵(→P234)의 후임으로 시부스트에 들어갔다. 그렇다면 아몬드를 사용한 과자에 왜 '제노바의'라는 이름이 붙게 된 걸까? 이는 1800년 이탈리아 전투와 관련이 있다. 나폴레옹 보나파르트는 프랑스군을 이끌고 오스트리아군과 이탈리아에서 전투를 치르다 결국 제노바에서 포위당하고 만다. 이때 물로 익힌 쌀과 50t의 아몬드만으로 3개월을 참고 견뎌냈다. 이러한 공로를 인정받아 '제노바의'라는 이름이 붙게 된 것이다.

여담이지만, 팽 드 젠은 오귀스트 쥘리앵이 고안했다고 하는 '제노바의 것'이라는 뜻의 제누아즈(스펀지 반죽→P228)와 혼동하기 쉽다. 제누아즈는 아몬드를 넣지 않고, 이탈리아의 제과 장인이 원형을 만들었다고 한다.

팽 드 젠 (지름 18㎝ 주름 틀 1개 분량)

재료

아몬드 슬라이스…20g
무염 버터…50g
아몬드 가루…90g
옥수수 전분(또는 전분)…50g
달걀…3개
설탕…90g
키르슈…2큰술

슈거파우더…적당량

만드는 법

1 틀에 버터(분량 외)를 얇게 바르고, 바닥 전체에 아몬드 슬라이스를 흩뿌린다.
2 내열 용기에 버터를 넣고 전자레인지(600W 내외)로 약 1분 가열하여 녹인다.
3 아몬드 가루와 옥수수 전분을 합쳐 섞는다.
4 달걀 2개는 노른자와 흰자로 분리해, 각각 다른 볼에 넣는다.
5 4의 노른자에 남은 달걀, 설탕 70g을 넣고 거품기로 뽀얗게 될 때까지 거품을 낸다.
6 5에 한 김 식은 2, 키르슈를 넣고 잘 섞는다.
7 4의 달걀흰자를 거품기로 뽀얗게 될 때까지 거품을 낸다. 남은 설탕을 넣어 뿔이 단단하게 서는 정도가 될 때까지 휘핑한다.
8 6에 7의 1/3을 넣고, 거품기로 고루 섞는다. 3을 체로 쳐서 넣고 날가루가 보이지 않을 때까지 고무 주걱으로 자르듯이 섞는다.
9 8에 남은 7을 두 번에 나누어 넣고, 거품이 꺼지지 않도록 재빨리 섞는다.
10 1에 9를 채우고 180℃로 예열한 오븐에서 25~30분간 굽는다.
11 한 김 식으면 틀에서 빼내고 완전히 식히고 슈거파우더를 뿌린다.

○ 지름 18㎝ 원형팬에 구워도 된다.

마들렌
Madeleine

꾸준히 사랑받는 조개 모양의 구움과자

◇카테고리: 구움과자　◇상황: 티타임, 간식
◇지역: 로렌 지방　◇구성: 밀가루+버터+달걀+설탕

마들렌은 프랑스 작가 마르셀 프루스트의 장편소설 《잃어버린 시간을 찾아서》 속에서 과거를 회상하는 계기로 등장하는데, 《잃어버린 시간을 찾아서》라 하면 마들렌이 절로 떠오를 만큼 인상적인 장면이다.

마들렌의 발상에 관해서는 시대를 포함해 다양한 추측이 존재하지만, 가장 오래된 건 중세까지 거슬러 올라간다. 당시에는 틀이 아닌 가리비 껍데기에 브리오슈의 원형으로 추측되는 반죽을 채워서 구웠다고 한다. 그리고 이를 스페인의 성지 산티아고데콤포스텔라로 가는 순례자들에게 나누어주기도 했다. 이 순례자들이 표식으로 산티아고(성 야곱)의 상징인 가리비 껍데기를 목에 걸고 다녔기 때문이다. 다른 하나는 1661년 로렌 지방의 코메르시성에 유폐되어 있던 장프랑수아 폴 드 곤디 추기경(17세기 프롱드의 난의 주역)이 요리사였던 마들렌 시모난에게 튀김 과자 반죽으로 색다른 과자를 만들어보라고 명했는데 그때 그녀가 만든 것이 바로 마들렌이라는 설이다. 다른 설이 또 하나 있는데, 바바 오 럼(→P40)에서 이미 등장했던 스타니스와프 레슈친스키 공작이 코메르시성에서 파티를 열었을 때 파티 준비 중에 과자 직공이 말다툼을 벌이다 그만 주방을 나가버렸다. 그를 대신해 할머니에게 배웠다는 과자를 만든 사람이 바로 마들렌이라는 하녀였다. 모두가 감탄할 만한 맛이었기 때문에 그녀의 이름으로 부르기 시작했다고 한다.

레슈친스키 공작 사후, 그의 과자 직공 중 한 명이 마들렌의 레시피를 가지고 코메르시로 이주했다고 한다. 마들렌 레시피는 이 지방에서 대대로 이어졌고, 공장 생산이 시작되면서 프랑스 전역으로 퍼져나갔다. 아름다운 곡목(曲木) 상자에 담긴 코메르시 마들렌은 지금도 프랑스를 대표하는 여행 선물이다.

* 모양 틀에 반죽을 채워 넣어 일정한 형태를 갖추는 것

마들렌 (마들렌 틀 6개 분량)	
재료	**만드는 법**
무염 버터…100g 박력분…100g 베이킹파우더…1/2작은술 달걀…2개 설탕…60g 꿀…1큰술 레몬 껍질(간 것)…1개 분량	1 틀에 버터(분량 외)를 얇게 바르고, 박력분(분량 외)을 뿌린다. 2 내열 용기에 버터를 넣고 전자레인지(600W 내외)로 1~2분 가열하여 녹인다. 3 박력분과 베이킹파우더를 합쳐 잘 섞는다. 4 볼에 달걀을 넣어 잘 풀어주고 설탕을 넣으면서 잘 섞는다. 5 4에 김 식은 2, 꿀, 레몬 껍질을 순서대로 넣고 그때마다 잘 섞는다. 6 5에 3을 체로 쳐서 넣고, 날가루가 보이지 않을 때까지 고무 주걱으로 자르듯이 섞는다. 랩을 씌우고 냉장고에 1시간 넣어둔다. 7 6을 1의 틀에 80% 정도 팬닝*하고, 200℃로 예열한 오븐에서 15~20분간 굽는다.

피낭시에
Financier

태운 버터의 짙은 풍미

◇카테고리: 구움과자
◇상황: 티타임, 간식
◇구성: 밀가루＋버터＋달걀흰자＋설탕＋헤이즐넛 가루

    같은 구움과자라 해도 마들렌(→P72)은 달걀을 전부 사용하지만 피낭시에는 흰자만 쓴다. 자칫 너무 담백해질 수도 있어 태운 버터와 헤이즐넛 가루를 넣어 짙은 풍미로 완성한다.

    1888년 무렵, 파리 증권가 근처의 한 가게의 제과 장인이 고안했다고 한다. 중세 비지탕딘 수도원 수녀가 만들던 타원형의 아몬드 케이크를 금괴 틀에 부어 구운 것이었다. 증권거래소에 출입하는 사람들이 간편하게 먹을 수 있게끔 배려한 모양이라고 한다.

피낭시에 (피낭시에 틀 9개 분량)

재료

무염 버터…90g	달걀흰자…2개 분량
박력분…50g	설탕…70~80g
아몬드 가루…25g	
헤이즐넛 가루…25g	
베이킹파우더…1/2작은술	

만드는 법

1　틀에 버터(분량 외)를 얇게 바르고 박력분(분량 외)을 뿌린다.
2　작은 냄비에 버터를 넣고 약불에 올려 갈색으로 변할 때까지 바글바글 끓여 태운 버터를 만든다.
3　가루류(박력분~베이킹파우더)를 합쳐 잘 섞는다.
4　볼에 달걀흰자를 넣어 잘 풀어주고 설탕을 넣고 거품기로 잘 섞는다.
5　4에 한 김 식은 2를 넣고 잘 섞는다.
6　5에 3을 체로 쳐서 넣고, 날가루가 보이지 않을 때까지 고무 주걱으로 자르듯이 섞는다. 랩을 씌우고 냉장고에 1시간 넣어둔다.
7　6을 1의 틀에 80% 정도 팬닝하고, 200℃로 예열한 오븐에서 15~20분간 굽는다.

카늘레

Cannelé / Canelé
별칭 / 카늘레 보르들레[Cannelé(Canelé) bordelais],
카늘레 드 보르도[Cannelé(Canelé) de Bordeaux]

겉은 바삭바삭, 속은 쫀득쫀득

◇카테고리: 구움과자
◇상황: 디저트, 티타임, 간식
◇지역: 아키텐 지방 ◇구성: 밀가루＋버터＋달걀＋설탕＋우유

　카늘레는 '홈이 있다'라는 형용사가 명사화
된 것이다. 주름이 잡힌 모양새는 촘촘한 홈이
파진 특별한 틀로 굽기 때문이다. 카늘레는 와
인 산지인 보르도와 밀접한 관계가 있다. 옛날
에는 레드 와인을 청정화하는 단계에서 거품
을 낸 달걀흰자를 활용했다(지금도 사용하는 곳
이 있음). 이때 대량으로 남게 된 달걀노른자를
아농시아드 수도원에 기증하여 과자로 만들었
고, 이 과자가 카늘레의 원형이라고 한다. 당
시 수도원에서 만들던 밀랍을 틀에 발라 구웠
는데 이 공정이 오늘날까지 그대로 남아 있다.

카늘레 (지름 5.5㎝ 카늘레 틀 6개 분량)	
재료	
우유…250㎖	박력분…45g
무염 버터…15g	강력분…20g
바닐라빈…1/3개	설탕…100g
달걀…1/2개	럼…20㎖
달걀노른자…1개 분량	꿀…적당량

만드는 법
1 냄비에 우유, 버터, 긁어낸 바닐라빈의 씨와 분리한
   깍지까지 넣는다. 중간 불에 가열하다가 끓기 직전에
   불을 끈다.
2 작은 볼에 달걀, 달걀노른자를 넣고 잘 풀어준다.
3 볼에 박력분, 강력분, 설탕을 합쳐 체로 쳐서 넣는다.
4 3의 중앙을 우묵하게 파고 거기에 완전히 식은 1을
   조금씩 넣어 거품기로 섞는다.
5 4에 2와 럼을 순서대로 넣으면서 잘 섞는다.
6 5에 바로 랩을 씌우고 냉장고에 하룻밤 넣어둔다.
   굽기 1시간 전에는 냉장고에서 미리 꺼내둔다.
7 틀에 부드러워진 버터(분량 외)를 손가락으로 바르고
   밀랍을 덧바른다.
8 가볍게 섞은 6을 7의 틀에 80~90% 정도 팬닝하고,
   200℃로 예열한 오븐에서 1시간 굽는다.

○ 모든 단계에서 반죽을 필요 이상으로 섞지 말 것.

마카롱 아 라 바니유
Macarons à la vanille

크림을 끼운 파리풍 마카롱

◇카테고리: 구움과자　◇상황: 디저트, 티타임, 간식
◇구성: 마카롱 반죽+버터크림

한국에 2007년 개봉한 소피아 코폴라 감독의 영화 〈마리 앙투아네트〉를 통해 세계적으로 유명해진 마카롱. 이 마카롱은 파리풍 마카롱(마카롱 파리지엔) 등으로 불리며 바닐라 풍미 이외에도 스무 종류 이상이 존재한다. 프랑스 각지에 존재하는 마카롱(→P.78) 중에서도 가장 세련된 마카롱이라 할 수 있다.

마카롱의 역사는 16세기로 거슬러 올라간다. 마카롱 원형을 프랑스로 전파한 이는 이탈리아의 명문 메디치가에서 앙리 2세에게 시집간 카트린 드메디시스라는 것이 정설이다.

1552년에 작가 프랑수아 라블레 저서 《제4서(Le Quart Livre)》에서 처음으로 'Macaron'이라는 프랑스어를 사용했다. 마카롱이 알려지면서 그 높은 영양가에 주목해 프랑스 각지 수도원에서 만들어지게 되었다고 한다.

마카롱이 오늘날의 모양이 된 것은 19세기 중엽 무렵. 파리 오래된 제과점 '라뒤레'의 창업자 루이 에른스트 라뒤레의 사촌 피에르 드 퐁탠이 마카롱 두 장 사이에 크림을 짜 넣는 아이디어를 떠올렸다고 한다.

마카롱 아 라 바니유 (지름 3㎝ 13~15개 분량)

재료

마카롱 반죽
- 아몬드 가루…40g
- 슈거파우더…55g
- 달걀흰자…1개 분량
- 그래뉴당…10g
- 바닐라빈(긁어낸 씨)…귀이개 2개 분량

버터크림
- 무염 버터(실온 상태)…40g
- 슈거파우더…1작은술

만드는 법

1 반죽을 만든다. 아몬드 가루와 슈거파우더를 합쳐 잘 섞고 체를 친다.
2 볼에 달걀흰자를 넣고 거품기로 뽀얗게 될 때까지 거품을 낸다. 그래뉴당을 넣어 뾰족한 뿔 모양이 생길 때까지 휘핑한다.
3 2와 1에 바닐라빈을 넣고 고무 주걱으로 가볍게 섞는다. 날가루가 보이지 않으면 반죽의 기포를 꺼뜨리듯이 섞어주면서 광택이 나오고 들어 올렸을 때 리본 모양으로 떨어지는 정도의 굳기가 될 때까지 섞는다.
4 3을 지름 1㎝ 원형 모양 깍지를 끼운 짤주머니에 채운다.
5 유산지를 깐 오븐 팬에 간격을 충분히 띄워 4를 지름 2㎝ 정도의 원형이 되도록 짠다.
6 5의 표면을 만졌을 때 아무것도 묻어나오지 않을 때까지 실온에서 1시간~1시간 반을 건조시킨다.
7 210℃로 예열한 오븐에서 5분 내외, 가장자리에 피에(프릴)가 생길 때까지 굽는다. 140℃로 온도를 낮춰 10분 내외로 굽는다.
8 크림을 만든다. 볼에 버터를 넣고 거품기로 부드러워질 때까지 푼다.
9 8에 슈거파우더를 넣어 잘 섞는다.
10 1㎝ 이하의 원형 모양 깍지를 끼운 짤주머니에 9를 채운다.
11 한 김 식은 7을 유산지에서 떼어내고 전체 분량 절반의 평평한 면에 10을 짠다. 남은 반으로 크림을 덮는다.

Colonne 4

프랑스 마카롱 여행

마카롱을 정의한다면 '아몬드 가루, 달걀흰자,
설탕(감미료)을 섞은 구움과자' 정도가 되리라.
재료는 같은데 모양과 식감이 제각각인 마카롱이
존재하는 건 프랑스 각지에서 전혀 다른 방법으로 만들기 때문이다.
16세기, 이탈리아에서 앙리 2세에게 시집간
카트린 드메디시스가 그 원형을 전했다고 하는 마카롱.
주로 육식이 금지되었던 수도원에서 높은 영양가를 얻기 위해 만들었다.

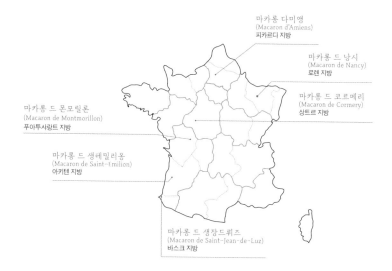

마카롱 다미앵
(Macaron d'Amiens)
피카르디 지방

마카롱 드 낭시
(Macaron de Nancy)
로렌 지방

마카롱 드 코르메리
(Macaron de Cormery)
상트르 지방

마카롱 드 몬모릴론
(Macaron de Montmorillon)
푸아투사랑트 지방

마카롱 드 생테밀리옹
(Macaron de Saint-Émilion)
아키텐 지방

마카롱 드 생장드뤼즈
(Macaron de Saint-Jean-de-Luz)
바스크 지방

마카롱 드 낭시

마카롱 드 생장드뤼즈

마카롱 다미앵
(Macaron d'Amiens)
피카르디 지방

다미앵의 마카롱은 16세기 카트린 드메디시스에 의해 전해졌다고 한다. 다른 마카롱과 달리 꿀과 달걀노른자가 들어간다는 차이점이 있다. 향을 강조하기 위해 비터 아몬드 오일도 넣기 때문에 이탈리아 마카롱인 아마레티가 떠오르는 맛이다.

마카롱 드 낭시
(Macaron de Nancy)
로렌 지방

앞서 등장한 카트린 드메디시스의 손녀인 카트린 드 로렌이 1642년, 낭시의 중심부에 수도원을 세웠다. 그녀의 조카 또한 수도원을 세웠다. 이 수도원들에서 카트린 드메디시스가 가져온 마카롱을 시작으로 다양한 과자가 만들어졌다. 그러다 프랑스혁명 때 발표된 수도회 폐지령으로 인해 수도원에서 쫓겨난 두 명의 수녀가 신자인 의사 집에 몰래 숨게 되었다. 수녀들은 보답의 뜻으로 수도원에서 만들던 마카롱을 구워 대접했고, 그 맛에 모두 반했다고 한다. 레시피는 대대로 이어져 별칭 '수녀원의 마카롱'으로서 낭시의 명품 과자가 되었다.

마카롱 드 코르메리
(Macaron de Cormery)
상트르 지방

가장 역사가 오래된 마카롱으로, 781년에 코르메리 수도원에서 만들어졌다고 한다. 즉, 카트린 드메디시스보다 훨씬 이전부터 존재했던 것이다. 형태가 매우 특징적인데, 구멍이 뚫린 도넛 같은 모양이다.

마카롱 드 몬모릴론
(Macaron de Montmorillon)
푸아투샤랑트 지방

몬모릴론 마카롱은 19세기에 등장했다. 피에르 라캉(→P235)이 《프랑스 과자 메모리얼》에서 '몬모릴론 마카롱은 마을 마크가 인쇄된 종이에 12개가 서로 붙어 있는 상태로 판매한다'라고 적혀 있다. 반죽에 수분이 많아서 생크림처럼 짜서 굽는다는 특징이 있다.

마카롱 드 생테밀리옹
(Macaron de Saint-Émilion)
아키텐 지방

보르도 근교, 와인 산지로서도 유명한 생테밀리옹. 이 지방 마카롱의 역사는 1620년으로 거슬러 올라가는데, 우르슬라회의 수녀가 만들기 시작한 것이 계기가 되었다고 한다. 반죽을 중탕하면서 섞기 때문에 독특한 식감으로 완성된다.

마카롱 드 생장드뤼즈
(Macaron de Saint-Jean-de-Luz)
바스크 지방

1660년에 바스크 지방의 항구 도시인 생장드뤼즈에서 루이 14세와 스페인에서 시집온 마리테레즈 도트리슈의 결혼식이 행해졌다. 둘의 결혼식을 위해 이 지방에서 제과점을 하던 아담이 마카롱을 헌상했다고 한다. 현재도 '메종 아담(Maison Adam)'의 대표 상품이다.

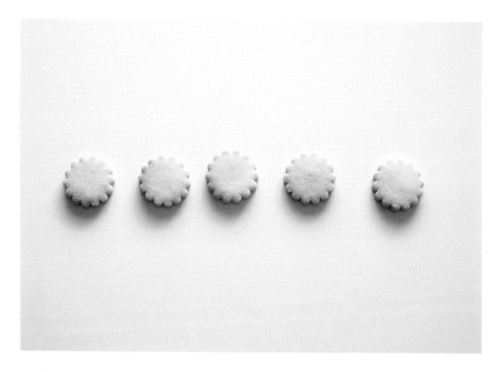

사블레
Sablés

주름 링 쿠키커터로 찍은
누구나 좋아하는 맛

◇카테고리: 구움과자　◇상황: 티타임, 간식
◇구성: 밀가루＋버터＋달걀노른자＋설탕

　사블레는 반죽을 만들 때, 글루텐이 형성되
는 걸 막기 위해 최소한으로만 치댄다. 그 덕
분에 바삭바삭함을 유지할 수 있는데, 이 식감
이 모래(Sable)를 연상시키기 때문에 이런 이
름이 붙여졌다는 설이 잘 알려져 있다. 하지만
17세기에 실존한 사블레(Sablé)라는 이름의 후
작 부인이 이 과자를 널리 알려, 그 이름에서
따왔다는 설도 존재한다. 게다가 사블레 후작
부인이 태어난 페이드라루아르 지방의 사르트
주에는 사블레쉬르사르트라는 마을까지 있다.
이곳은 사블레 마을로 유명하며, 오래된 가게

사블레 (지름 4cm 주름 링 쿠키커터 약 50개 분량)

재료
무염 버터(실온 상태)…100g　　달걀노른자…1개 분량
슈거파우더…80g　　　　　　　생크림…1큰술
소금…2꼬집　　　　　　　　　박력분…200g

만드는 법
1　볼에 버터를 넣고 거품기로 부드러워질 때까지 푼다.
2　1에 슈거파우더와 소금을 넣고 뽀얗고 폭신해질
　　때까지 거품을 낸다.
3　2에 달걀노른자, 생크림을 순서대로 넣으면서 잘
　　섞는다.
4　3에 박력분을 체로 쳐서 넣고, 날가루가 보이지 않
　　을 때까지 고무 주걱으로 자르듯이 섞는다.
5　4를 한 덩어리로 뭉치고 랩을 씌워 냉장고에 15분
　　넣어둔다.
6　5를 밀대로 3mm 두께로 밀고 주름 링 쿠키커터로
　　찍는다.
7　유산지를 깐 오븐 팬에 6을 나란히 놓고 다시 냉장고에
　　15분 넣어둔다.
8　180℃로 예열한 오븐에서 10~15분간 굽는다.

○ 생크림이 없다면 우유를 넣어도 된다.

도 있다고 한다.

한편, 노르망디 지방 칼바도스주에 있는 리지외라는 마을에서 1852년 무렵에 탄생했다는 설도 있다. 그 후 점차 노르망디 곳곳에서 만들어지게 되었다는 것이다. 피에르 라캉(→P235)은 자신의 저서에서 리지외 외에 노르망디에 있는 트루빌과 칸 등의 지명이 붙은 다섯 종류의 사블레를 소개하고 있다고 한다. 노르망디는 낙농이 발달했는데 그중에서도 리지외와 동일한 칼바도스주의 이즈니쉬르메르는 프랑스 2대 버터 산지 중 하나로 손꼽히기 때문에 버터를 듬뿍 사용하는 사블레가 탄생했다는 설은 충분히 이해가 간다.

사블레 디아망(→P81)의 디아망은 프랑스어로 '다이아몬드'라는 뜻이다. 콕콕 박힌 그래뉴당이 반짝반짝 빛나기 때문에 그렇게 이름이 지어진 것 같다. 일반적인 사블레는 쿠키 틀로 찍어내지만, 이 사블레는 아이스박스 쿠키처럼 막대 모양으로 성형한 반죽을 차갑게 얇게 잘라낸다. 바닐라 맛과 코코아 맛이 대표적이며, 반죽에 아몬드 슬라이스가 들어간 것도 인기가 있다.

사블레 디아망
Sablés diamants

프랑스판 아이스박스 쿠키

◇카테고리: 구움과자
◇상황: 티타임, 간식
◇구성: 가루류+버터+설탕

사블레 디아망 (지름 3㎝ 원형 쿠키커터 약 35개 분량)

재료

박력분…100g	무염 버터(실온 상태)…100g
옥수수 전분(또는 전분)…50g	설탕…60g
	소금…1/8작은술
	그래뉴당…적당량

만드는 법
1 박력분과 옥수수 전분을 합쳐 잘 섞는다.
2 볼에 버터를 넣고 거품기로 부드러워질 때까지 푼다.
3 2에 설탕을 조금씩 넣고 소금도 넣어 뽀얗고 폭신해질 때까지 거품을 낸다.
4 3에 1을 체로 쳐서 넣고, 날가루가 보이지 않을 때까지 고무 주걱으로 자르듯이 섞는다.
5 4를 한 덩어리로 뭉치고 2등분한다. 지름 3㎝의 막대기 모양으로 성형하여 랩으로 씌워 냉장고에 15~30분 넣어둔다.
6 5가 칼로 썰어도 뭉개지지 않을 정도로 딱딱해지면 랩을 벗기고 전체에 솔로 물(분량 외)을 바른다.
7 6을 그래뉴당 위에서 굴리면서 묻히고 1.2㎜ 두께로 자른다.
8 유산지를 깐 오븐 팬에 7을 나란히 놓는다.
9 180℃로 예열한 오븐에서 10~15분간 굽는다.

사블레 나튀르
Sablé nature

큼직한 플레인 쿠키

◇카테고리: 구움과자
◇상황: 티타임, 간식
◇구성: 밀가루+버터+달걀+설탕+아몬드 가루

　사블레 역사에 관해서는 80쪽을 참조해주
길 바란다. 사블레 나튀르의 나튀르는 '있는
그대로'라는 뜻으로 아무것도 들어 있지 않은
심플한 맛을 의미한다. 제과점에서는 뤼네트
(→P83)나 팔미에(→P86)와 함께 지름 10~12cm
정도 크기인 사블레를 판매한다. 작은 비터 쿠키
인 프티뵈르(→P186)가 탄생한 낭트라는 도시의
사블레 낭테와 유사하다. 버터의 2대 생산지 노
르망디부터 푸아투샤랑트에 사이에는 브르타뉴
도 있어서 사블레의 보물 창고라 할 수 있다.

사블레 나튀르 (지름 10cm 주름 링 쿠키커터 6장 분량)

재료

박력분…125g	소금…2꼬집
아몬드 가루…25g	달걀…1개
무염 버터(실온 상태)…50g	달걀노른자…1/2개 분량
슈거파우더…60g	우유…1작은술

만드는 법

1　박력분과 아몬드 가루를 합쳐 잘 섞는다.
2　볼에 버터를 넣고 거품기로 부드러워질 때까지 푼다.
3　2에 설탕과 소금을 넣고 뽀얗고 폭신해질 때까지
　거품을 낸다.
4　3에 1을 체로 쳐서 넣고, 날가루가 보이지 않을 때까지
　고무 주걱으로 자르듯이 섞는다.
5　4에 달걀 푼 것을 조금씩 넣으면서 한 덩어리로
　뭉친다(달걀은 전부 넣지 않아도 된다). 랩으로 씌워
　냉장고에 15분 넣어둔다.
6　5를 밀대로 3mm 두께로 밀고, 반죽 전체를 포크로
　꾹꾹 찍어 구멍을 낸다.
7　6을 주름 링 쿠키커터로 찍어 유산지를 깐 오븐 팬에
　나란히 놓는다.
8　달걀노른자와 우유를 섞어 7의 표면에 바르고, 다시
　냉장고에 15분 넣어둔다.
9　달걀노른자+우유를 다시 8의 표면에 바르고, 포크로
　무늬를 만든다.
10　180℃로 예열한 오븐에서 20~25분간 굽는다.

뤼네트 아 라 콩피튀르
Lunettes à la confiture

안경 같은 구멍으로 빼꼼 보이는 잼

◇카테고리: 구움과자
◇상황: 티타임, 간식
◇지역: 론알프 지방 ◇구성: 가루류＋버터＋달걀＋설탕＋잼

　'안경'이라는 뜻의 뤼네트는 옛 도피네 지방의 한 마을, 로망쉬르이제르에서 탄생했다. 그 원형은 중세 무렵에 이 지방에 온 이탈리아 피에몬테의 나무꾼들이 전파한 과자라고 한다. 당시는 밀라노의 것이란 뜻인 밀라네(Milanais)란 이름으로 불렸다고 한다. 파리에서는 라즈베리 잼을 채워 넣는 것이 일반적이지만, 로망쉬르이제르에서는 딸기나 블루베리, 살구 등 다양한 과일 잼을 넣어 만들고 있다.

뤼네트 아 라 콩피튀르
(긴지름 11.5㎝ 나뭇잎 모양 틀 5개 분량)

재료
박력분…120g	소금…2꼬집
옥수수 전분(또는 전분)…30g	달걀노른자…1/2개 분량
무염 버터(실온 상태)…100g	라즈베리 잼…80g
설탕…40g	

만드는 법
1 박력분과 옥수수 전분을 합쳐 잘 섞는다.
2 볼에 버터를 넣고 거품기로 부드러워질 때까지 푼다.
3 2에 설탕을 넣고 소금을 넣어 뽀얗고 폭신해질 때까지 거품을 낸다.
4 3에 달걀노른자를 넣고 잘 섞는다.
5 4에 1을 체로 쳐서 넣고, 날가루가 보이지 않을 때까지 고무 주걱으로 자르듯이 섞는다.
6 5를 한 덩어리로 뭉치고 랩으로 씌워 냉장고에 15분 넣어둔다.
7 6을 밀대로 2.5㎜ 두께로 밀고, 나뭇잎 모양 쿠키커터로 10개 찍어낸다.
8 유산지를 깐 오븐 팬에 7을 나란히 놓고 다시 냉장고에 15분 넣어둔다.
9 8의 절반인 5개에 주름 링 쿠키커터로 2개씩 구멍을 뚫는다. 160℃로 예열한 오븐에서 25~30분간 굽는다.
10 작은 볼에 잼을 넣어 스푼으로 섞어 부드럽게 한다.
11 9가 한 김 식으면 구멍이 없는 반죽에는 10을 바르고 구멍이 있는 반죽으로 포갠다.

튀일 오 자망드
Tuiles aux amandes

기와 모양으로 굽은
얇은 쿠키

◇카테고리: 구움과자　　◇상황: 티타임, 간식
◇구성: 밀가루＋버터＋달걀흰자＋설탕＋아몬드

　튀일은 지붕에 얹는 '기와'라는 뜻이다. 집합 주택이 많은 파리에서는 보기 힘들지만, 프로방스 지방 등으로 가면 이 과자처럼 굽은 기와를 얹은 집을 볼 수 있다. 구워진 튀일은 반죽이 부드러울 때 밀대 등으로 감는다. 꽉 힘을 주지 않으면 반죽이 다시 펼쳐지기 때문에 여간 번거로운 일이 아니다. 그래서 가게 주방에서는 대량의 튀일을 말 수 있는 도구가 있다. 프랑스에서는 디저트로 제공하는 아이스크림이나 셔벗 위에 혀를 쉬어가는 코너로 곁들인다.

튀일 오 자망드 (8개 분량)

재료

무염 버터…10g
달걀흰자…1개 분량
설탕…30g
박력분…1큰술
아몬드 슬라이스…50g

만드는 법

1　작은 내열 볼에 버터를 넣고 전자레인지(600W 내외)로 약 20초 가열해 녹인다.
2　볼에 달걀흰자를 넣어 잘 풀어주고 설탕을 넣고 거품기로 뽀얗게 될 때까지 거품을 낸다.
3　2에 박력분을 체로 쳐서 넣고 아몬드 슬라이스도 넣어 날가루가 보이지 않을 때까지 고무 주걱으로 자르듯이 섞는다.
4　3에 한 김 식은 1을 더해 섞는다.
5　유산지를 깐 오븐 팬에 스푼을 이용해 4를 지름 5~6㎝의 원형으로 펴고, 스푼 뒷면을 사용해 8㎝ 정도의 원형으로 늘린다.
6　180℃로 예열한 오븐에서 약 12~15분간 굽는다.
7　오븐에서 꺼내자마자 밀대에 말아 모양을 낸다.

○ 충분히 구워야 향긋하고 맛있다.

랑그 드 샤
Langues de chat

'고양이 혀'를 닮은 얇은 쿠키

◇카테고리: 구움과자
◇상황: 티타임, 간식
◇구성: 밀가루＋버터＋달걀흰자＋설탕

　19세기 초에 비스킷과 같은 구움과자가 대량생산되면서 랑그 드 샤도 쉽게 생산되게 되었다. 하지만 어째서 '고양이 혀'라고 불리는지는 여전히 알 수 없다고 한다. 뭔가 동물 혀 모양이랑 닮아서 이름 붙인 게 아닐까 하고 개인적으로 추측해본다. 프랑스에서는 5~8cm 길이의 얇은 구움과자이나, 오스트리아나 독일의 '고양이 혀'는 초콜릿이다. 1cm 이하인 원형 모양 깍지를 끼워 가능한 한 가늘게 반죽을 짜면 좀 더 예쁘게 구울 수 있다.

랑그 드 샤 (길이 7.5cm 15개 분량)

재료

무염 버터(실온 상태)…30g	바닐라빈(긁어낸 씨)
슈거파우더…25g	…귀이개 1개 분량
달걀흰자(실온 상태)	박력분…30g
…1개 분량	

만드는 법

1. 볼에 버터를 넣고 거품기로 부드러워질 때까지 푼다.
2. 1에 슈거파우더를 넣어 뽀얗고 폭신해질 때까지 거품을 낸다.
3. 2에 달걀흰자, 바닐라빈을 순서대로 넣으면서 잘 섞는다.
4. 3에 박력분을 체로 쳐서 넣고 고무 주걱으로 자르듯이 섞는다.
5. 지름 1cm 이하의 원형 모양 깍지를 끼운 짤주머니에 4를 채운다.
6. 유산지를 깐 오븐 팬에 5를 길이 7cm 정도의 막대 모양으로 짠다.
7. 180℃로 예열한 오븐에서 12~15분간 굽는다.

○ 여기서는 지름 1cm인 원형 모양 깍지를 사용했지만, 좀 더 좁은 것을 사용하면 가늘고 보기 좋게 구울 수 있다. 모양 깍지 사이즈를 바꾸면 완성 분량도 바뀐다.

팔미에
Palmier
별칭 / 쾨르 드 프랑스(Cœur de France)

'야자나무'라는 뜻의 파이

◇카테고리: 파이 과자
◇상황: 티타임, 간식   ◇구성: 파이 반죽+설탕

이 과자는 '엄마손 파이'와 비슷한 맛이라 우리에게도 익숙하다. 팔미에는 야자나무라는 뜻이지만 그중에서도 특히 종려나무는, 잎이 부채처럼 펼쳐진 야자과 식물과 닮아서 지어진 이름인 듯하다. 하지만 별칭인 쾨르 드 프랑스(프랑스의 하트)가 훨씬 더 잘 어울리는 것 같아 이쪽이 더 좋다. 이 파이 과자가 만들어진 것은 1931년에 파리에서 개최된 국제 식민지 박람회(Exposition coloniale internationale)가 계기가 됐다고 한다. 프랑스의 제과점에서는 손을 쫙 펼친 크기의 큼직한 팔미에를 판매한다.

팔미에 (폭 8cm 하트 모양 15개 분량)	
재료	
접이형 파이 반죽	박력분…75g
데트랑프	소금…4g
무염 버터…30g	찬물…80㎖
강력분…75g	무염 버터(실온 상태)…130g
	그래뉴당…적당량(50g 내외)

만드는 법

1. 접이형 파이 반죽을 만들고(→P224), 그 1/2을 쓴다.
2. 1을 밀대로 24×20cm 정도의 직사각형이 되도록 민다. 이를 반으로 접어 선을 만든 후, 다시 펼친다.
3. 2의 표면 전체를 포크로 꾹꾹 찍어 구멍을 내고 그래뉴당을 촘촘히 뿌리고 밀대로 가볍게 누른다(그래뉴당을 붙이기 위해).
4. 반죽 양쪽을 중앙선까지 접는다. 표면 전체에 그래뉴당을 촘촘히 뿌리고, 밀대로 가볍게 누른다.
5. 다시 양쪽을 중앙선까지 접는다. 표면 전체에 그래뉴당을 촘촘히 뿌리고, 밀대로 가볍게 누른다.
6. 양쪽을 중앙선까지 접어 붙이고, 랩으로 감싸 냉장고에 30분 넣어둔다.
7. 6을 1~1.5cm 두께로 15등분하여 자르고 각각 그래뉴당을 뿌린다.
8. 유산지를 깐 오븐 팬에 간격을 충분히 띄워 7을 나란히 놓는다.
9. 8을 220℃로 예열한 오븐에서 15~20분간 굽는다.

○ 나머지 1/2 분량의 접이형 파이 반죽은 냉동실에서 한 달간 보관할 수 있다.

사크리스탱

Sacristains

아몬드가 들어간 스틱 파이

◇카테고리: 파이 과자
◇상황: 조식, 티타임, 간식   ◇구성: 파이 반죽+설탕+아몬드

제과점에서 파는 사크리스탱 길이는 보통
20cm 내외다. 접이형 파이 반죽에 설탕과 아몬
드를 포개 넣어 비튼 후 굽는다.

사실 사크리스탱은 교회 의식에서 사용하
는 소중한 물건이나 장식품을 관리하는 사람
을 말한다. 이들은 비틀어진 지팡이를 들고 있
는데, 모양이 이 지팡이와 닮았다고 해서 붙여
진 이름이다. 사크리스탱을 뜻하는 Secretain
이라는 단어가 16세기 프랑스어 사전에 실려
있다고 하지만, 언제부터 과자 이름으로 사용
되었는지는 확실하지 않다.

사크리스탱 (길이 18cm 8개 분량)

재료

접이형 파이 반죽	달걀…적당량
데트랑프	그래뉴당…50g
무염 버터…30g	아몬드 다이스…30g
강력분…75g	
박력분…75g	
소금…4g	
찬물…80㎖	
무염 버터(실온 상태)…130g	

만드는 법

1 접이형 파이 반죽을 만들고(→P224), 그 1/2을 쓴다.
2 1을 2등분하여 각각 밀대로 16cm인 정사각형이
　되도록 민다. 반죽 전체를 포크로 꾹꾹 찍어 구멍을
　내고 냉장고에 15분 넣어둔다.
3 2의 1장의 표면 전체에 달걀 푼 것을 바르고
　그래뉴당, 아몬드를 순서대로 뿌린다.
4 3 위에 2의 나머지 1장을 올리고 밀대로
　누르면서 민다.
5 4를 폭 2cm로 잘라 유산지를 깐 오븐 팬에 나란히
　놓는다.
6 5를 각각 비틀고 220℃로 예열한 오븐에서
　15~20분간 굽는다.

○ 아몬드 다이스 대신 아몬드 가루를 사용해도 된다.
○ 나머지 1/2 분량의 접이형 파이 반죽은 냉동실에서
　한 달간 보관할 수 있다.

콩골레
Congolais

별칭 / 로셰 코코(Rocher coco),
로셰 아 라 누아 드 코코(Rocher à la noix de coco)

볼륨 만점인 코코넛 케이크

◇카테고리: 구움과자
◇상황: 티타임, 간식　◇구성: 달걀흰자＋설탕＋코코넛롱

　콩골레는 '콩고의 것, 콩고인'이라는 뜻이
다. 아프리카 대륙에 있는 콩고는 현재 두 나
라로 나누어져 있으며 콩고공화국은 19세기
후반부터 1960년까지 프랑스 식민지였다. 이
과자는 보통 '코코넛 마카롱'으로 번역되며 마
카롱(→P78)의 주재료인 아몬드 가루 대신 프
랑스인에게 이국적인 과일인 코코넛을 잘게
갈아(코코넛롱) 넣는다. 이 과자가 만들어진 당
시에는 '코코넛＝콩고'라는 이미지가 있었기
때문인 것 같다. 별칭인 로셰는 '바위'라는 뜻
으로, 바위와 닮아 지어진 이름이리라.

콩골레 (삼각뿔 10개 분량)

재료
달걀흰자…2개 분량
설탕…80g
코코넛롱…100g

만드는 법
1　볼에 달걀흰자를 넣어 잘 풀어주고 설탕을 넣고
　　거품기로 뽀얗게 될 때까지 거품을 낸다.
2　1에 코코넛롱을 넣고 고무 주걱으로 꼼꼼하게 섞는다.
3　2를 10등분하여 각각 삼각뿔 모양으로 성형한다.
4　유산지를 깐 오븐 팬에 3을 나란히 놓는다.
5　180℃로 예열한 오븐에서 15~20분간 굽는다.

◦ 만드는 법 3에서 손에 물을 묻히면서 작업하면 성형하기 수월하다.

크로켓 오 자망드

Croquette aux amandes
별칭 / 크로캉 오 자망드(Croquant aux amandes)

견과를 박은 단면이 귀여운 쿠키

◇카테고리: 구움과자
◇상황: 티타임, 간식　◇구성: 밀가루+버터+달걀+설탕+견과류

　크로켓은 흔히 '고로케'로 알려져 있다. 어원은 '와작와작 소리가 난다'라는 동사 크로케르(Croquer)에서 파생됐다. 크로켓의 겉모습이나 만드는 법은 이탈리아 전통 과자인 칸투치니와 닮았다. 칸투치니는 반죽을 통째로 한 번 구운 후 얇게 썰어 다시 굽지만, 크로켓은 두 번 굽지 않기 때문에 칸투치니만큼 딱딱하지는 않다. 아몬드 생산지인 프랑스 남부에서 흔히 볼 수 있는 구움과자여서 주로 아몬드를 넣지만, 헤이즐넛을 많이 넣는 게 훨씬 맛있다. 견과류는 레시피보다 더 많이 넣어도 된다.

크로켓 오 자망드 (길이 10~13㎝ 12개 분량)

재료
박력분…120g	달걀…1개
강력분…30g	바닐라 에센스…몇 방울
베이킹파우더…1/2작은술	통아몬드(로스트)…40g
무염 버터…50g	통헤이즐넛(로스트)…40g
설탕…70g	
소금…1꼬집	우유…조금

만드는 법
1. 가루류(박력분~베이킹파우더)를 합쳐 잘 섞는다.
2. 볼에 버터를 넣어 거품기로 부드러워질 때까지 푼다.
3. 2에 설탕과 소금을 넣고 뽀얗고 폭신해질 때까지 거품을 낸다.
4. 3에 달걀과 바닐라 에센스를 넣고 잘 섞는다.
5. 4에 1을 체를 쳐서 넣고 견과류도 넣어 날가루가 보이지 않을 때까지 고무 주걱으로 자르듯이 섞는다.
6. 5를 한 덩어리로 뭉치고 길이 17㎝, 폭 10㎝인 반달 모양으로 성형한다.
7. 유산지를 깐 오븐 팬에 6을 나란히 놓고, 표면에 우유를 얇게 칠한 후 200℃로 예열한 오븐에서 약 30분간 굽는다.
8. 7이 뜨거울 때 1.5㎝ 두께보다 약간 얇은 정도로 자른다.

Desserts des bistrots

비스트로 과자

비스트로는 프랑스 전통 요리,
가정 요리를 내놓는 '서민적인 레스토랑'을 말한다.
디저트 또한 이것저것 섞거나 하지 않은
프랑스다운 것을 먹을 수 있는 장소다.
식사를 마무리 짓는 디저트에는
음료가 포함되지 않기 때문에 입의 수분을 뺏기지 않도록
마른 것은 되도록 피한다.
달걀을 사용해 식감이 부드러운 것이나,
젤라틴으로 차갑게 굳힌 것, 아이스크림이나 셔벗을 사용한 것,
타르트나 케이크 등 예나 지금이나 디저트로서
꾸준히 사랑받는 과자가 한가득 있다.

크렘 카라멜
Crème caramel
별칭 / 플랑 오 카라멜(Flan au caramel)

한국에서도 인기 있는 커스터드 푸딩

◇카테고리: 달걀 과자　◇상황: 디저트
◇구성: 달걀＋설탕＋우유＋생크림

　프랑스어로 커스터드 푸딩을 뒤집은 캐러멜 맛 크림이라는 '크렘 랑베르세 오 카라멜(Crème renversée au caramel)'이라 하며, 이를 간략화한 크렘 카라멜이 일반적인 호칭으로 정착해 있다. 프랑스어 크렘(Crème)은 영어 크림(Cream)과 같은 뜻으로, 다양한 의미가 있다. 디저트에 관해서도 '크렘'이라는 이름이 붙은 것은 한 분야를 형성하고 있다.

　달걀과 우유로 만드는 크림은 적어도 고대 로마 시대부터 존재했다고 한다. 달걀이 응고된 걸쭉한 상태가 우유로 만드는 생크림(휘핑하기 전 본래의 생크림은 걸쭉한 상태)과 닮았기 때문에 크림이라고 불렸다고 한다. 프랑스의 크렘 카라멜은 기본적으로 달걀(흰자, 노른자 전부), 설탕, 우유, 바닐라로 만든다. 이 모든 재료를 합쳐서 잘 섞고, 캐러멜을 깐 틀에 부어 오븐에서 굽는다. 이대로 만들면 우리 입맛에는 감칠맛이 부족하기 때문에 한국에서는 생크림

을 추가하기도 한다.

　마찬가지로 크렘이라는 이름이 붙는 크렘 브륄레(→P96)는 비스트로 이상의 고급스러운 레스토랑에서 제공된다. 반면 크렘 캐러멜은 비스트로 이하의 서민적인 레스토랑이나 가정 등에서 먹는 이미지다. 크렘 브륄레는 달걀 노른자만 사용하며 우유보다도 생크림의 비율이 높다. 농후한 달걀액 상태로 완성하기 위해 평평한 용기에 얇게 굽는다. 그리고 나중에 표면을 토치 등으로 캐러멜화시킨다. 이처럼 크렘 브륄레는 재료비도 많이 들고, 손도 많이 간다. 그렇지만 카페에서 일하는 여성이 주인공인 영화 〈아멜리에〉로 유명해진 디저트여서 이쪽이 서민적이라고 생각하는 사람이 많을지도 모르겠다. 비스트로의 기본 디저트, 가정에서 만드는 디저트의 대표적인 존재였던 크렘 캐러멜이지만, 크렘 브륄레에 밀려 점점 사라지는 것 같다.

* 케이크 틀

크렘 캐러멜 (지름 18㎝ 망케 틀* 1개 분량)

재료

캐러멜
　설탕…60g
　물…1큰술
　뜨거운 물…1큰술
푸딩 반죽
　달걀…4개
　설탕…100~110g
　우유…400㎖
　바닐라빈…1/2개
　생크림…100㎖

만드는 법

1　틀에 버터(분량 외)를 얇게 바른다.
2　캐러멜을 만든다. 작은 냄비에 설탕과 물을 넣고 중불에 올린다. 진한 캐러멜색이 되면 뜨거운 물을 넣어 녹인다.
3　1에 2를 붓고 바닥 전체에 펼친다.
4　반죽을 만든다. 볼에 달걀을 넣어 잘 풀어주고 설탕을 넣고 거품기로 잘 섞는다.
5　냄비에 우유, 긁어낸 바닐라빈의 씨와 분리한 깍지까지 넣고 중불에 올린다.
6　끓기 직전에 불을 끄고 4에 조금씩 넣으면서 섞는다.
7　6에 생크림을 넣어 잘 섞고, 거름망으로 거르면서 3에 흘려 넣는다.
8　뜨거운 물을 부은 오븐 팬에 7을 올리고 150℃로 예열한 오븐에서 40~50분간 중탕해서 굽는다.

외프 아 라 네주

Œufs à la neige

별칭 / 일 플로탕트(Îles flottantes)

달걀노른자와 흰자를 잘 활용한 디저트

◇카테고리: 달걀 과자　◇상황: 디저트
◇구성: 달걀+설탕+우유

'달걀흰자를 거품 내어 머랭 상태로 만든다'
는 것을 '달걀흰자를 눈처럼 거품 낸다Battre
(/monter) des blancs d'œufs en neige'고 표현한
다. 즉 외프 아 라 네주는 '눈처럼 만든 달걀'
이라는 뉘앙스쯤 된다. 별칭인 일 플로탕트는
'떠다니는 섬'으로 번역되는데, 커스터드 위에
떠 있는 머랭의 모습을 비유한 것이리라.

외프 아 라 네주는 라 바렌(→P235)이 1651년
에 출간한《프랑스의 요리사》에 레시피가 실려
있고, 머랭 부분이 현재의 이탈리안 머랭(→P51)
에 가까운 방법으로 만들어졌다고 한다. 일 플
로탕트는 오귀스트 쥘리앵(→P234)이 19세기
후반에 고안한 것이다. 만드는 법은 다음과 같

다. 딱딱해진 비스퀴 드 사부아(→P204)를 얇게
잘라 키르슈와 마라스키노(체리 리큐어)에 적시
고 살구 잼을 발라 코린트종 건포도(그리스 등
지에서 생산되는 일반적인 건포도보다 크기가 작고
말랑말랑함)과 잘게 썬 아몬드를 뿌린다. 이를
차곡차곡 포개면서 원래의 모양으로 되돌리고
전체를 샹티이(→P227)로 감싸 피스타치오와 건
포도를 흩뿌린다. 그릇에 담아 주변에 커스터
드 소스 혹은 라즈베리 시럽을 붓는다. 시대가
흐르면서 호화찬란한 일 플로탕트가 가벼운
맛의 외프 아 라 네주로 바뀌게 되었고 언제부
턴가 두 개의 이름으로 불리게 됐다.

외프 아 라 네주 (4인분)

재료

커스터드 소스
　달걀노른자…3개 분량
　설탕…60g
　박력분…1작은술
　우유…500㎖
　바닐라빈…1/2개
머랭
　달걀흰자…3개 분량
　설탕…70g
　식초…적당량
캐러멜 소스(만들기 쉬운 분량)
　설탕…50g
　레몬즙…1/4작은술보다 조금 적게
　물…1큰술
　뜨거운 물…20㎖

아몬드 슬라이스(로스트)…적당량

만드는 법

1　커스터드 소스를 만들어(→P226) 볼에 담고 랩을 씌워 냉장고에 넣어둔다.
2　머랭을 만든다. 볼에 달걀흰자를 넣어 거품기로 뽀얗게 될 때까지 거품을 낸다.
　　설탕을 넣고 뿔이 단단하게 서는 정도가 될 때까지 휘핑한다.
3　냄비에 물을 끓이고 식초를 넣는다.
4　2의 1/4를 고무 주걱으로 모양을 잡으면서 3에 떨어뜨리고 뚜껑을 덮은 채로 약
　　2분간 삶는다.
5　청결한 주방 행주 위에 4를 얹어 물기를 제거한다.
6　남은 머랭이 없어질 때까지 만드는 법 4~5를 반복한다.
7　캐러멜 소스를 만든다(→P227).
8　그릇에 1을 부어 6을 올리고 아몬드를 뿌린다. 그릇에 7을 넣어 곁들인다.

○ 캐러멜 소스는 소량으로 충분히 달기 때문에 맛을 보면서 뿌린다.

95

크렘 브륄레
Crème brûlée

프랑스 영화 <아멜리에>로 유명해진 디저트

◇카테고리: 달걀 과자   ◇상황: 디저트
◇구성: 달걀노른자+설탕+우유+생크림

크렘 브륄레는 '태운 크림'이라는 뜻으로, 달걀노른자와 생크림을 듬뿍 넣은 농후한 달걀액을 중탕하며 굽고, 식탁에 올리기 직전에 설탕(카소나드→P167)을 뿌려 토치나 인두 등으로 표면에 캐러멜 막을 만든다.

크렘 브륄레의 원형에 대해서는 스페인 카탈루냐 지방의 크레마 카탈라나 설이 유력한데, 이 디저트는 중세부터 존재했다고 한다. 전분으로 농도를 걸쭉하게 조절했으며 표면은 캐러멜화시키지 않은 듯하다(현재는 표면을 캐러멜화시킨다). 이 디저트를 프랑스로 들여와 재탄생시킨 사람이 프랑수아 마시알로(→P234)라고 한다. 사실 크렘 브륄레란 이름으로 그 레시피가 처음 세상에 나온 것이 1691년에 출간된 그의 저서《궁정과 부르주아의 새로운 요리(Le Nouveau Cuisinier Royal et Bourgeois)》에서였다. 마시알로는 프랑스 남부의 페르피냥을 방문한 후, 카탈루냐 지방으로 건너갔는데 여기서 크레마 카탈라나를 만났다. 레시피를 적어두고 프랑스로 돌아온 후, 식은 크림을 데우기 위해 설탕을 뿌려 달군 철로 태우고 어린 오를레앙 공작 필리프에게 바쳤다고 한다.

이웃 나라 영국에서는 18세기 무렵부터 크렘 브륄레와 같은 뜻인 '번트 크림'이란 이름의 케임브리지 향토 과자가 존재했었다고 들은 적이 있다.

현대에 와서 폴 보퀴즈(→P235)와 조엘 로부숑(→P234)이 정식 메뉴로 도입해 크렘 브륄레가 다시금 주목받고 있다. <아멜리에>에 나온 것도 그들 덕분인지 모른다.

크렘 브륄레 (긴지름 12.5cm 타원형 내열 그릇 3개 분량)

재료

달걀노른자…2개 분량
설탕…40g
우유…70㎖
생크림…200㎖
바닐라빈…1/4개

그래뉴당…적당량

만드는 법

1 볼에 달걀노른자, 설탕을 넣고 거품기로 잘 섞는다.
2 냄비에 우유, 생크림, 긁어낸 바닐라빈과 분리한 깍지까지 넣어 중불에 올린다.
3 끓기 직전에 불을 끄고 1에 조금씩 넣으면서 섞는다.
4 3을 거름망에 거르면서 틀에 붓는다.
5 뜨거운 물을 부은 오븐 팬에 4를 올리고 150℃로 예열한 오븐에서 30~40분 중탕해서 굽는다.
6 오븐에서 꺼내 한 김 식힌다. 냉장고에서 완벽하게 식힌다.
7 6의 표면에 그래뉴당을 촘촘히 뿌려 토치로 표면이 캐러멜 상태가 될 때까지 굽는다.

○ 토치가 없을 때는 오븐토스터나 버너로 대체할 수 있다. 다만 시간이 걸리고 계란액까지 따듯해지므로 캐러멜화시킨 후에 냉장고에 다시 넣어 식혀야 좋다.

클라푸티 오 스리즈

Clafoutis aux cerises

리무쟁 지방의 인기 있는 향토 과자

◇카테고리: 케이크 ◇상황: 디저트, 티타임
◇지역: 리무쟁 지방 ◇구성: 밀가루+달걀+설탕+우유+생크림+블랙 체리

달걀과 설탕을 섞고 여기에 소량의 가루를 더해 우유로 섞어준다. 그리고 체리와 함께 틀에 부어 오븐에서 굽는다. 체리는 이 디저트가 태어난 리무쟁 지방 코레즈주의 특산품이다. 이러한 유형의 디저트는 프랑스 각지에서 볼 수 있다. 중세부터 존재했던 옛 베리 지방의 사과 구에롱(구에롱 오 폼, Gouéron aux pommes)이나 19세기 작가 조르주 상드도 만들었다고 하는 갈리푸티(Galifouty), 부르고뉴 지방의 타르투야(Tartouillat) 등등 파르 브르통(→P182)도 배합은 다르지만 같은 타입의 디저트라고 볼 수 있다.

프랑스의 2대 사전 중 하나를 편찬한 저명한 언어학자 알랭 레이에 따르면 '클라푸티'라는 단어는 프랑스의 고어에서 파생한 말로, '못을 박다'는 뜻인 클라피르(Claufir)와 '집어넣다'라는 푸트르(Foutre)의 복합어가 방언으로 남아 있던 것이라고 한다. 즉, 체리 열매와 무늬를 못의 모양으로 빗대어 반죽 속에 집어넣는 이미지로 이름 지어진 것이리라(실제로 반죽에 넣는 것은 열매뿐이지만). 이를 통해 '클라푸티=체리를 사용한다'가 설명된다. 오베르뉴 지방의 밀라르(Millard)도 체리를 사용하는데, 이 과자의 별칭은 오베르뉴풍 클라푸티다. 반면 플로냐르드(Flaugnarde)는 리무쟁 지방을 시작으로 이웃 오베르뉴나 페리고르에서도 볼 수 있지만, 정해진 과일은 따로 없고 사과, 서양배, 자두, 건포도 등을 넣어 굽는다. 페리고르 지방의 사를라에서는 플로냐르드가 아닌, 카자스(Cajasse)라 불린다고 한다. 찾다 보면 분명 클라푸티나 플로냐르드를 닮은 동료를 좀 더 발견할 수 있을 것만 같다.

클라푸티 오 스리즈 (지름 18cm 주름 틀 1개 분량)

재료

블랙 체리(통조림)···1캔(과육 약 220g)
달걀···2개
설탕···50g
소금···1꼬집
박력분···45g
우유···170mℓ
생크림···4큰술(60mℓ)

슈거파우더···적당량

만드는 법

1 블랙 체리는 체에 받쳐 시럽을 제거한다.
2 버터(분량 외)를 얇게 바른 틀에 1을 올린다.
3 볼에 달걀을 넣어 잘 풀어주고 설탕, 소금을 넣고 거품기로 잘 섞는다.
4 3에 박력분을 체로 쳐서 넣고 날가루가 보이지 않을 때까지 섞는다.
5 4에 우유와 생크림을 순서대로 넣으면서 잘 섞는다.
6 2에 5를 붓고 200℃로 예열한 오븐에서 50분, 제대로 구움색이 날 때까지 굽는다.
7 한 김 식으면 틀에서 꺼내고 완전히 식힌 후에 슈거파우더를 뿌린다.

○ 지름 18cm 원형 틀에 구워도 된다.

수플레 오 시트롱
Soufflé au citron

머랭의 힘으로 부푼 레몬 수플레

◇카테고리: 달걀 과자
◇상황: 디저트　◇구성: 가루류+달걀+설탕+우유+레몬

　수플레는 '부풀다'라는 뜻이다. 거품을 낸 대량의 달걀흰자를 반죽에 섞어 오븐에 굽기 때문에 틀보다 높이 부푼다. 다만 한순간에 가라앉기 때문에 갓 구운 순간을 눈과 혀로 즐겨야 한다.

　달콤한 수플레를 고안한 이는 앙토넹 카렘(→P234)이라는 설과 영국에서 활약한 요리사 루이 외스타슈 위드(1769-1846)라는 설이 있다. 모두 동시대를 살았던 대단한 요리사다. 위드가 1813년에 출간한 《프랑스 요리(The French Cook)》에서는 디저트로 먹는 수플레 레시피가 다수 소개되어 있다.

수플레 오 시트롱 (바깥지름 10cm 내열 용기 3개 분량)

재료

달걀…3개	우유…200㎖
설탕…60g	레몬 껍질(간 것)…1/2개 분량
박력분…15g	레몬즙…1과 1/2큰술
옥수수 전분…15g	슈거파우더…적당량

만드는 법

1 틀에 버터(분량 외)를 얇게 바르고 설탕(분량 외)을 뿌린다.
2 달걀은 노른자와 흰자로 분리해 각각 다른 볼에 넣는다.
3 2의 달걀노른자에 설탕 40g을 넣어 거품기로 뽀얗게 될 때까지 거품을 낸다.
4 3에 박력분과 옥수수 전분을 넣어 잘 섞는다.
5 작은 냄비에 우유를 넣고 중불에 올려 끓기 직전에 불을 끄고, 4에 조금씩 넣으면서 섞는다.
6 5를 작은 냄비에 다시 붓고, 거품기로 섞으면서 가열한다. 걸쭉해지면 볼에 다시 넣는다.
7 6에 레몬 껍질과 레몬즙을 넣어 섞는다.
8 2의 달걀흰자를 거품기로 뽀얗게 될 때까지 거품을 낸다. 남은 설탕을 마저 넣고 뿔이 단단하게 서는 정도가 될 때까지 휘핑한다.
9 7에 8을 세 번에 나누어 넣는다. 처음에는 거품기로 확실하게 섞고, 나머지 2회는 고무 주걱으로 거품이 꺼지지 않게끔 재빨리 섞는다.
10 1에 9를 붓고 표면을 평평하게 다듬는다.
11 210℃로 예열한 오븐에서 15~25분 굽고, 따뜻할 때 슈거파우더를 뿌린다.

팽 페르뒤

Pain perdu

딱딱해진 빵을 맛있게 즐기는 법

◇카테고리: 리사이클 과자
◇상황: 디저트, 간식 　◇구성: 버터+달걀+설탕+우유+빵

원조 프렌치토스트인 팽 페르뒤는 '잃어버린 빵'이라는 뜻이다. 잃어버린 빵이라니 참으로 시적이지만, 본래의 '먹히는' 역할을 잃어버린 빵, 즉 딱딱해져서 먹을 수 없게 된 빵을 말한다. 빵이 주식인 유럽에서는 딱딱해진 빵을 재생시키는 조리법이 오래전부터 여럿 있었는데, 팽 페르뒤도 중세 무렵부터 조리법이 있었다고 한다. 15세기에는 영국인도 먹고 있었던 듯한데, 스펠링이 닮은 Panperdy가 당시 요리서에 빈번히 등장했다고 한다.

팽 페르뒤 (긴지름 13㎝, 두께 2㎝인 빵 4개 분량)

재료
달걀…1개
설탕…5큰술
우유…200㎖
빵…4장
버터…30g

만드는 법
1　볼에 달걀을 넣어 잘 풀어주고 설탕을 넣고 거품기로 잘 섞는다.
2　1에 우유를 넣어 섞고, 얕은 트레이에 붓는다.
3　2에 빵을 뒤집으면서 속까지 완전히 스며들도록 충분히 적신다.
4　프라이팬에 버터를 넣고 중불에 올린다.
5　버터가 녹기 시작하면 3을 넣고 양면에 구움색이 날 때까지 굽는다.

크레프
Crêpes

프랑스에서 태어난 세계적으로 유명한 디저트

◇카테고리: 프라이팬 과자 ◇상황: 디저트, 간식, 축하용 과자
◇지역: 브르타뉴 지방 ◇구성: 밀가루+달걀+설탕+우유

크레프는 프랑스 고어 '물결쳤다', '주름졌다'라는 뜻의 형용사 Cresp / Crespe가 그 어원이다. 일반적으로 밀가루가 베이스인 것은 크레프, 메밀가루가 베이스인 것을 갈레트라 칭하고, 크레프에는 달콤한 재료, 갈레트에는 짭조름한 재료를 넣는다. 둘 다 프랑스 북서부의 브르타뉴 지방이 발상지로, 갈레트가 먼저 탄생했다. 브르타뉴 지방은 밀뿐만 아니라 호밀조차 자라지 않는 척박한 땅이었다. 십자군 원정 무렵, 중동에서 건너온 메밀(원산지는 중국)만이 유일하게 이 토지에 뿌리를 내렸다고 한다. 이렇게 수확한 메밀을 가루로 빻고 물을 섞어 얇게 펴서 구운 것이 바로 갈레트였다. 19세기가 되자 기술이 발달하면서 이곳에서도 밀이 자라나게 됐고, 밀가루로 만든 크레프도 대중적으로 되었다.

프랑스에서는 온 국민이 크레프를 먹는 날이 두 번 있다. 첫 번째는 2월 2일인 샹들뢰르(성촉절→P63)다. 동지와 춘분의 딱 중간에 해당하는 날로, 황금색으로 구운 둥근 크레프를 봄소식을 전해주는 태양에 빗대며 먹는다. 한 해의 행복과 번영을 기원하면서 한 손에 동전을 쥐고 크레프를 굽는 것도 이날만의 관습이다. 또 다른 날은 마르디 그라(비옥한 화요일→P64)다. 기독교 금식일에 들어가기 직전인 카니발의 마지막 날로, 기름진 음식은 모조리 먹어 치우겠다는 강한 의지를 내비치는 날이다. 원래는 '기름진 음식=고기'였지만, 점차 부패하기 쉬운 달걀을 소비하기 위해 오븐을 사용하지 않아도 되는 간편한 크레프나 베네(튀김 과자→P199)를 만들어 먹었다고 한다. 일반적으로 프랑스 북부에서는 크레프를, 남부에서는 베네를 먹는 경향이 있다.

크레프 (지름 19~20㎝ 6장 분량)

재료
달걀…1개
설탕…1큰술
소금…2꼬집
우유…200㎖
박력분…100g

식용유…적당량

만드는 법
1 볼에 달걀을 넣어 잘 풀어주고 설탕, 소금을 넣고 거품기로 잘 섞는다.
2 1에 우유 50㎖를 더해 잘 섞는다.
3 2에 박력분을 체로 쳐서 넣고 날가루가 보이지 않을 때까지 섞는다.
4 3에 남은 우유를 두세 번에 나누어 넣고, 매끄러운 반죽이 될 때까지 섞는다. 랩을 씌워 실온에서 30분 이상 둔다.
5 프라이팬을 중불에 올려 식용유를 얇게 두른다. 국자로 1/6 분량의 반죽을 붓고 재빨리 펼쳐 양면에 구움색이 날 때까지 굽는다.
6 반죽이 없어질 때까지 만드는 법 5를 반복한다.

○ 다 구운 반죽에 녹인 버터를 바르고, 취향에 맞는 토핑(잼, 그래뉴당, 레몬즙 등)을 곁들여서 먹는다.
○ 반죽은 휴지 시간이 길수록 찰기가 생긴다. 장시간 휴지할 경우 냉장고에 넣어둔다.

리 오 레
Riz au lait

은은한 단맛이 나는 우유로 끓인 쌀죽

◇카테고리: 곡물 과자　◇상황: 디저트
◇구성: 설탕+우유+쌀

리(riz)는 '쌀', 레(lait)는 '우유'다. 리 오 레는 카페오레(café au lait, 우유를 넣은 커피)와 같은 프랑스어 용법이어서 '우유를 넣은 쌀'이라는 뜻이 된다.

리 오 레의 역사는 깊다. 중세 초기, 프랑스 남부의 프로방스 주변에 정착해 살던 유대인들이 봄에 열리는 부림절 축제 시기에 아몬드가 들어간 리 오 레를 만들어 먹곤 했는데 이것이 유대인 이외의 사람들에게도 알려졌다. 이탈리아인 수도자 살림베네가 쓴《연대기》에는 프랑스 왕 중에서 유일하게 성왕이 된 루이 9세(성 루이)가 십자군 원정 중이던 1248년, 파리 남동쪽으로 100㎞ 떨어진 상스에서 휴식을 취하면서 아몬드가 들어간 리 오 레를 먹었다는 기록도 남아 있다.

쌀로 만든 디저트를 거론하면서 잊어서는 안 되는 것이 바로 리 아 랭페라트리스(Riz à l'impératrice)다. '랭페라트리스'는 '황후'를 뜻한다. 레시피를 보면 쌀과 깍둑썰기한 당절임 과일이 들어간 크리미한 바바루아와 유사한 느낌이다. 이 디저트의 탄생 비화에는 두 가지 설이 있다. 하나는 1810년에 앙토냉 카렘(→P234)이 나폴레옹 보나파르트의 아내 조제핀에게 경의를 표하기 위해 고안하여 탈레랑 저택에서 선보였다는 설. 또 다른 하나는 나폴레옹 보나파르트의 조카인 나폴레옹 3세의 통치시대(1852-1870)에 그의 아내였던 외제니 드 몽티조에게 경의를 표하기 위해 당시 궁정에서 일하던 요리사가 고안했다는 설이다. 19세기 말 무렵에 필레아스 질베르(→P235)가 쓴 도서 덕분에 이 레시피가 세상에 알려지고 프랑스 일반 가정에서도 만들어 먹게 되었다고 한다.

* 씹을 때 단단한 느낌이 나는 정도

리 오 레 (만들기 쉬운 분량 3~4인분)

재료
쌀…100g
물…300㎖
우유…400㎖
바닐라빈…1/2개
설탕…30g

만드는 법
1. 작은 냄비에 쌀과 물 200㎖을 넣어 센 불에 올려 끓어오르면 약불로 줄여 고무 주걱으로 가끔 저으면서 약 5분 조린다.
2. 1을 체에 받쳐 찬물에 씻으면서 점성을 제거한다.
3. 같은 냄비에 2, 우유 300㎖, 긁어낸 바닐라빈의 씨와 분리한 깍지까지 넣어 약불에 올린다.
4. 고무 주걱으로 계속 저어주고 끓어올랐을 때부터 약 10분간 더 조린다. 중간에 수분이 없어지려고 하면 남은 물을 두 번에 나누어 넣는다.
5. 쌀이 알 덴테*가 되면 불을 끄고 뚜껑을 덮어 약 10분 뜸을 들인다.
6. 남은 우유와 설탕을 넣고 가볍게 한소끔 더 끓인다.

○ 냉장고에서 차갑게 식혀도 맛있다.

무스 오 쇼콜라
Mousse au chocolat

초콜릿의 단맛을 살린 간단한 무스

◇ 카테고리: 초콜릿 과자
◇ 상황: 디저트
◇ 구성: 우유+생크림+초콜릿

    프랑스의 초콜릿 무스는 대부분 녹인 초콜릿에 달걀노른자를 섞고 거품을 낸 달걀흰자를 추가하지만, 이 책에서 소개하는 레시피는 거품을 낸 생크림만 추가한다. 무스 오 쇼콜라라는 이름은 1755년에 므농(→P235)이 썼는데, 당시에는 음료였다. 음료 표면에 생긴 거품 때문에 '무스'라 불렸다고 한다. 후에 루이 16세가 고용인인 샤를 퍼지에게 초콜릿을 사용한 레시피를 고안하도록 명했는데, 이때 퍼지가 만든 것이 현재의 무스 오 쇼콜라에 가까운 것이라고 한다.

무스 오 쇼콜라 (만들기 쉬운 분량 4인분)

재료

다크 초콜릿…100g
우유…100㎖
코코아파우더(무가당)…20g
생크림…200㎖
럼(또는 브랜디)…1큰술

만드는 법

1 초콜릿은 잘게 썬다.
2 작은 냄비에 우유를 넣고 중불에 올린다.
3 끓기 직전에 불을 끄고 1과 코코아를 넣어 초콜릿이 완전히 녹을 때까지 고무 주걱으로 잘 섞는다. 다 녹지 않으면 냄비째 중탕한다.
4 얼음물을 받친 볼에 생크림을 넣고 걸쭉해질 때까지 휘핑한다(70%로 휘핑).
5 한 김 식은 3에 럼과 4의 1/3을 넣고 잘 섞는다.
6 5를 4에 다시 넣고 고무 주걱으로 거품이 꺼지지 않도록 재빨리 섞는다.
7 6을 그릇에 붓고 표면에 랩을 씌우고 냉장고에서 식힌다.

쿨랑 오 쇼콜라
Coulant au chocolat

주룩 흘러넘치는 초콜릿의 달콤함

◇카테고리: 초콜릿 과자
◇상황: 디저트, 티타임
◇구성: 밀가루+버터+달걀+설탕+우유+생크림+초콜릿

초콜릿 케이크를 반으로 가르면 초콜릿이 흘러나오는, 시선을 잡아끄는 이 디저트를 고안한 이는 오베르뉴 지방의 라기올 마을에서 별 달린 레스토랑을 운영하는 미셸 브라(→P235)다. 2년 동안 개발한 후, 1981년에 자신의 레스토랑 메뉴에 르 쿨랑 오 쇼콜라(Le coulant au chocolat)를 올렸는데 Coulant은 '흘러내리는 것'이라는 뜻이다. 그 이후, 셰프들이 너 나 할 것 없이 따라 했고 지금은 프랑스 전국에서, 아니 전 세계에서 즐겨 먹는 인기 디저트가 되었다.

쿨랑 오 쇼콜라 (지름 7㎝ 머핀 틀 7개 분량)

재료

다크 초콜릿…100g	박력분…80g
우유…50㎖	코코아파우더(무가당)…4큰술
생크림…50㎖	
무염 버터…70g	슈거파우더…적당량
달걀…3개	
설탕…50g	

만드는 법

1 초콜릿은 잘게 썬다. 틀에 버터(분량 외)를 얇게 바른다.
2 작은 냄비에 우유와 생크림을 넣고 중불에 올린다.
3 끓기 직전에 불을 끄고 버터를 넣는다.
4 3에 1을 넣어 초콜릿과 버터가 완전히 녹을 때까지 고무 주걱으로 잘 섞는다. 다 녹지 않으면 냄비째 중탕한다.
5 볼에 달걀 2개를 넣어 잘 풀어주고 설탕을 넣고 거품기로 잘 섞는다.
6 5에 박력분과 코코아를 체로 쳐서 넣고 날가루가 보이지 않을 때까지 섞는다.
7 6에 남은 달걀을 넣고 섞는다.
8 7에 4를 넣어 매끈하고 균일한 반죽이 되도록 섞는다.
9 1의 틀에 80% 정도 팬닝하고, 210℃로 예열한 오븐에서 10분 굽는다.
10 한 김 식힌 후에 틀에서 꺼내고 슈거파우더를 뿌린다.

타르트 오 폼
Tarte aux pommes

과일을 사용한 타르트의 가장 기본

◇카테고리: 타르트 ◇상황: 디저트, 티타임
◇구성: 파이 반죽+사과

프랑스 사람은 과일 타르트를 곧잘 만든다. 그중에서도 타르트 오 폼(사과 타르트)은 기본 중의 기본이다. 프랑스에서 만드는 타르트 오 폼의 구성은 대개 정해져 있으며 반죽은 보통 반죽형 파이 반죽(→P225)을 사용한다. 필링은 콩포트 드 폼(→P135)과 얇게 썬 사과의 2층 구조다. 지방에도 사과를 사용한 타르트가 있는데 사과 생산지로 유명한 노르망디의 타르트 노르망드(Tarte normande)나 알자스의 타르트 오 폼 아 랄자시엔(Tarte aux pommes à l'alsacienne)을 예로 들 수 있다. 배합에 차이는 있지만 모두 생크림이 들어간 푸딩액과 사과를 잘라 함께 구워낸다. 다음 페이지에서 소개하는 옛 솔로뉴 지방에서 태어난 타르트 타탱(Tarte Tatin) 역시 타르트 오 폼과 닮은꼴이다.

역사를 거슬러 올라가면 타유방(→P235)이 썼다고 알려진 중세 요리서《르 비앙디에》에 타르트 오 폼의 레시피가 실렸다고 한다. 이 책이 출간된 것은 14세기 무렵이다. 당시는 설탕을 구하기 어려웠기 때문에 디저트를 만들 때 설탕을 대신할 감미료가 필요했었다. 물론 타유방의 타르트 오 폼에도 설탕은 사용되지 않았다. 달콤한 와인, 무화과, 건포도 등으로 단맛을 더해 사프란, 시나몬, 흰 생강, 아니스 등으로 향을 입혔다고 한다. 지금 만들어도 충분히 맛있을 듯한 타르트 오 폼이다.

타르트 오 폼 (지름 21~22㎝ 타르트 틀 1개 분량)

재료	만드는 법
반죽형 파이 반죽 무염 버터…70g 박력분…150g 소금…1/2작은술 설탕…1큰술 식용유…1/2큰술 찬물…1~3큰술 **사과 콩포트** 사과(껍질과 심을 제거한 것)…200g 물…200㎖ 설탕…20~30g 바닐라빈…1/4개 사과…1개 무염 버터…10g 그래뉴당…10g	1 반죽형 파이 반죽을 만들어(→P225) 랩으로 감싸 냉장고에 넣어둔다. 2 사과 콩포트를 만든다(콩포트 드 폼→P135) 3 틀 중앙에 1을 얹어 손바닥과 손끝을 사용해 조금씩 누르면서 펼치며 바닥과 측면 두께가 균일하게 되도록 팬닝한다. 반죽 전체를 포크로 꾹꾹 찍어 구멍을 내고 냉장고에 15분 넣어둔다. 4 사과는 껍질과 심을 제거하고, 5㎜ 두께로 부채꼴썰기한다. 5 3을 오븐 팬에 올리고 반죽 위에 유산지를 덮어 누름돌을 채운다. 220℃로 예열한 오븐에서 약 15분 굽는다. 6 5 바닥에 2를 나란히 펼치고 4를 나선형으로 두른 다음 남은 사과는 잘라서 중앙에 둔다. 7 6 위에 잘게 자른 버터를 올리고 그래뉴당을 흩뿌린다. 8 220℃로 예열한 오븐에서 약 30분 더 굽는다.

타르트 타탱
Tarte Tatin

실수로 만들어진 훌륭한 타르트

◇카테고리: 타르트 ◇상황: 디저트, 티타임
◇지역: 상트르 지방 ◇구성: 밀가루＋버터＋설탕＋사과

타르트 타탱은 19세기 후반, 프랑스 중부 솔로 뉴 지방(옛 이름이지만 프랑스에서는 지금도 잘 쓰인 다. 현재의 상트르발드루아르 지방)에서 첫울음을 터뜨렸다. 그것도 실수로 만들어졌다.

솔로뉴의 라모트뷔브롱이라는 작은 마을에 서 스테파니 타탱(언니)과 카롤린 타탱(동생) 자 매가 타탱 호텔(Hotel Tatin)을 운영하고 있었 다. 당시 솔로뉴는 사냥하러 오는 사람들로 붐 볐다고 한다. 여느 때와 마찬가지로 요리 담당 인 스테파니가 디저트용으로 사과 타르트를 만들고 있었다. 조급한 마음으로 준비하던 그 녀는 틀에 반죽 까는 것을 깜빡하고 사과만 채 우고 오븐에 넣어버렸다. 나중에 그 사실을 깨 달은 스테파니가 재빨리 반죽을 밀어 사과 위 에 덮고 마저 구웠다. 반죽이 구움색이 난 다음 조심조심 뒤집자 사과는 부드러워지고 설탕과

버터로 아름다운 캐러멜색이 된 타르트가 완성 되었다. 손님들은 새 디저트에 열광했고, 이는 호텔의 명물이 되었다. 자매가 세상을 떠나고 난 뒤에도 레시피는 소중히 지켜졌고, 20세기 에 파리 고급 레스토랑인 '맥심(Maxim)' 오너 이자 미식 평론가였던 퀴르농스키(→P234)가 파 리 사람들에게 널리 알려 유명해졌다.

현재도 타탱 호텔은 라모트뷔브롱역 앞에서 영업을 이어나가고 있으며 '원조 타르트 타탱' 을 맛볼 수 있다. 일반적인 타르트 타탱은 살짝 데워서 가벼운 산미가 있는 생크림(→P230)이나 샹티이(→P227), 혹은 바닐라 아이스크림을 곁들 인다. 하지만 원조 타르트 타탱은 아무것도 곁 들이지 않은 채로 제공되며, 캐러멜색도 연하고 두껍지도 않다. 시대 배경이나 탄생 비화를 생 각하면 납득이 가는 자태다.

타르트 타탱 (바깥지름 23㎝ 파이 그릇 1개 분량)

재료

반죽형 파이 반죽
- 무염 버터…70g
- 박력분…150g
- 소금…1/2작은술
- 설탕…1큰술
- 식용유…1/2큰술
- 찬물…1~3큰술

사과…2개
설탕(반드시 흰색인 것)…50g
물…소량
무염 버터…40g

만드는 법

1 반죽형 파이 반죽을 만들어(→P225) 랩으로 감싸 냉장고에 넣어둔다.
2 사과는 8등분하고 껍질과 심을 제거한다.
3 틀에 2를 담고, 220℃로 예열한 오븐에서 약 20분 굽는다.
4 3에 같은 크기인 그릇을 엎고 살짝 기울여 과즙을 용기에 옮긴다. 사과는 그릇에 담아둔다.
5 작은 냄비에 설탕, 4의 과즙, 설탕 전체가 젖을 정도의 물, 버터를 넣고 중불에 올린다. 가끔 냄비를 흔들면서 캐러멜색이 될 때까지 가열한다.
6 4의 틀에 5를 부어 바닥 전체에 깔고 4의 사과를 나선형으로 두른다. 남은 사과는 잘라서 중앙에 둔다.
7 1을 밀대로 틀보다 약간 큼직하게 민 다음, 펼쳐서 반죽 전체를 포크로 꾹꾹 찍어 구멍을 낸다.
8 6에 7을 덮어 사과 표면을 감싸고 틀 밖으로 나온 반죽은 틀 안쪽으로 집어넣는다.
9 220℃로 예열한 오븐에서 20~30분 더 굽는다.

샤를로트 오 프레즈

Charlotte aux fraises

겉모습부터 우아한 무스 케이크

◇카테고리: 차가운 디저트 ◇상황: 디저트, 티타임
◇구성: 설탕+생크림+딸기+핑거 비스킷+젤라틴

샤를로트는 '샤를로트 틀'이라 불리는 전용 틀에 핑거 비스킷을 뜻하는 비스퀴 아 라 퀴이에르(→P231)를 빈틈없이 담아 무스(→P132)나 바바루아(→P128)를 부어 차게 식혀서 만든다. 프랑스에서는 딸기나 라즈베리, 서양배, 초콜릿을 사용한 샤를로트가 인기가 있다.

샤를로트의 원형은 18세기 말(19세기 초라는 설도 있음), 영국의 빅토리아 여왕의 할머니인 조지 3세의 부인 샬럿(샤를로트의 영어식 발음)에게 경의를 표하기 위해 고안된 것이다. 버터를 바른 식빵 또는 브리오슈를 틀에 빈틈없이 담아 과일(사과나 서양배나 자두) 콩포트를 채워 오븐에서 장시간 가열하여 따뜻할 때 먹었다고 한다. 현재와 같은 모양의 차가운 샤를로트를 고안한 이는 앙토냉 카렘(→P234)이다. 카렘은 샬럿 왕비의 아들인 영국 왕 조지 4세를

모셨을 때, 영국판 샤를로트를 알게 되었다. 카렘은 빵 대신에 핑거 비스킷을, 콩포트 대신에 바바루아를 사용해 가열하지 않고 차갑게 식혀 왕에게 바쳤다. 카렘에 의해 개량된 프랑스판 샤를로트는 샤를로트 파리지엔(Charlotte parisienne)으로 명명되었고, 그가 러시아 황제 알렉산더 1세를 모셨을 때 러시아풍 샤를로트라는 뜻의 샤를로트 뤼스(Charlotte russe)로 이름이 바뀌었다.

샤를로트라는 이름의 유래에는 또 다른 설도 있다. 이 디저트가 탄생했을 무렵, 여인들이 즐겨 쓰던 프릴이 달린 모자를 '샤를로트'라고 불렀는데 그 모양을 본떠서 만들었기 때문에 같은 이름이 붙었다는 것이다. 개인적으로는 전자 쪽이었으면 하는 바람이 있다.

샤를로트 오 프레즈 (지름 17㎝ 샤를로트 틀 1개 분량)

재료
가루 젤라틴…15g
물…100㎖
딸기…2팩(500~600g)
설탕…100g
레몬즙…1/2개
생크림…200㎖

핑거 비스킷…19~20개

만드는 법
1 젤라틴을 물에 불려 전자레인지(600W)로 20~30초 돌려 녹인다.
2 딸기는 씻고, 꼭지를 따서 키친타월로 물기를 닦는다. 장식용으로 200g은 남겨둔다. 남은 딸기는 설탕 70g, 레몬즙과 함께 믹서기에 돌려 볼에 담는다.
3 얼음물을 받친 다른 볼에 생크림과 남은 설탕을 넣고 걸쭉해질 때까지 휘핑한다(70%로 휘핑).
4 2에 한 김 식은 1, 3의 1/3을 넣고 잘 섞는다.
5 4를 3에 다시 넣어 고무 주걱으로 거품이 꺼지지 않도록 재빨리 섞는다.
6 바닥에 랩을 깐 틀 측면에 핑거 비스킷을 빈틈없이 늘어세운다.
7 6에 5를 붓고 표면에 랩을 씌워 냉장고에서 약 2시간 식혀서 굳힌다.
8 7을 틀에서 빼고 2의 장식용 딸기를 잘라서 장식한다.

수플레 글라세
아 로랑주
Soufflé glacé à l'orange

상큼한 오렌지 풍미의 차가운 수플레

◇카테고리: 차가운 디저트　　◇상황: 디저트
◇구성: 달걀노른자 + 설탕 + 생크림 + 오렌지 + 레몬

'꽁꽁 언 수플레'라는 뜻이다. 오븐에서 구
운 수플레(→P100)처럼 봉긋하게 부푼 형태를
유지하는 차가운 디저트다. 물론 실제로는 구
운 수플레처럼 부풀지 않기 때문에 내열 용기
에 무스 띠나 두꺼운 종이를 말아서 높이를 만
든 다음 반죽을 부어 얼린다. 얼린 후에 빙 둘
렀던 띠나 종이를 빼면 부풀어 오른 수플레
처럼 된다. 수플레 글라세에는 파트 아 봉브
(→P228)를 넣는 게 일반적이지만, 이 책에서는
커스터드 소스(→P226)를 만들 듯 달걀노른자
를 가열하는 레시피를 실었다.

수플레 글라세 아 로랑주
(바깥지름 9cm 내열 용기　2개 분량)

재료

오렌지…1개	그랑 마니에…2큰술
레몬…1/2개	생크림…150㎖
달걀노른자…2개 분량	
설탕…70g	오렌지 슬라이스…적당량

만드는 법

1　틀에 버터(분량 외)를 얇게 바르고 설탕(분량 외)을
　뿌린다. 틀 바깥쪽에 틀보다 2㎝ 높도록 두꺼운
　종이를 빈틈없이 두르고 테이프로 고정한다.
2　오렌지와 레몬을 씻어 키친타월로 물기를 닦는다.
　오렌지 껍질은 갈고, 과즙을 짠다. 레몬은 과즙만 짠다.
3　볼에 달걀노른자와 설탕 50g을 넣고 거품기로 뽀얗게
　될 때까지 거품을 낸다.
4　3에 2와 그랑 마니에를 넣고 잘 섞는다.
5　작은 냄비에 4를 넣어 중불에 올려 섞어주면서
　끓어오르고 걸쭉해질 때까지 가열한다. 걸쭉해지면
　볼에 다시 넣고 얼음물을 받치면서 식힌다.
6　얼음물을 받친 다른 볼에 생크림과 남은 설탕을 넣고
　걸쭉해질 때까지 휘핑한다(70%로 휘핑).
7　5에 6의 1/3을 더해 섞고, 6에 다시 넣어 고무 주걱으로
　거품이 꺼지지 않도록 재빠르게 섞는다.
8　1에 7을 붓고, 표면을 평평하게 한다. 표면에 랩을
　씌우고 냉장고에서 약 2시간 굳힌다.
9　두꺼운 종이를 빼고 취향껏 오렌지를 장식한다.

Colonne 5

◆◆◆

프랑스의 차가운 디저트에 대하여

프랑스어로 아이스크림은 '얼린 크림'이란 뜻의 크렘 글라세(Crème glacée)라 하며, 일반적으로는 크렘을 생략한 '글라세'로 불린다. 아이스크림은 간단히 말하자면 커스터드 소스(→P226)를 얼린 것이다.

셔벗은 소르베(Sorbet) 또는 얼린 셔벗이라는 뜻의 소르베 글라세(Sorbet glacé)라고 하며, 소르베라고 불릴 때가 많다. 셔벗은 아이스크림과는 다른데, 달걀이나 유제품이 들어가지 않는다. 과일 퓌레(Purée)나 과즙, 시럽(설탕과 물을 가볍게 끓여서 만듦)을 섞어서 만든다. 물론 과일을 사용하지 않고도 셔벗을 만들 수 있다.

프랑스에는 아이스크림이나 셔벗을 판매하는 글라시에(Glacier)라는 전문점이 있다. 테이크아웃은 컵이나 콘으로 할 수 있으며, 카페 공간이 마련되어 있고 파르페 등도 맛볼 수 있다. 그 외에도 바슈랭(→P52) 등의 아이스크림 케이크도 갖추어져 있으며 가정에서 아이스크림을 먹을 때에 곁들이는 작은 머랭이나 구움과자 등도 판매한다.

비스트로나 카페, 레스토랑에서는 디저트용으로 이러한 차가운 디저트를 반드시 준비한다. 메뉴에 없어도 부탁하면 아마도 만들어줄 것이다. 유리나 스테인리스 컵에 두 종류 이상의 아이스크림이나 셔벗을 담아, 웨하스나 튀일(→P84)로 장식한다.

프랑스의 차가운 디저트 역사에는 16세기에 이탈리아 메디치 가문에서 앙리 2세에게 시집온 카트린 드메디시스가 깊이 관련되어 있다. 당시 유행을 이끄는 이탈리아에서 온 카트린 드메디시스는 식문화나 맛있는 음식을 프랑스로 전했다. 차가운 디저트도 마찬가지다. 카트린 드메디시스가 전한 것은 셔벗으로, 프랑스에서 크림 등을 넣어 아이스크림이 생겨났다는 설과 이미 이탈리아인이 크림 등을 넣은 아이스크림 같은 것을 만들고 있었다는 설이 있다.

차가운 디저트가 파리 사람들 사이에서 널리 퍼지게 된 것은 1686년에 '카페 프로코프(Café Procope)'를 오픈한 프란체스코 프로코피오 데이 콜테리 덕분이다. 이탈리아 시칠리아 출신인 콜레리는 다양한 풍미의 아이스크림과 셔벗을 팔며 순식간에 인기 가게로 발돋움했다. 이 가게는 현재도 '파리에서 가장 오래된 카페'라는 수식어를 달고 레스토랑으로서 영업을 이어가고 있다.

파리에서 가장 맛있다고 소문난 글라시에인 '베르티용(Berthillon)'의 파르페

머랭과 구움과자 등을 파는 글라시에 내부

누가 글라세
Nougat glacé

남프랑스의 향토 과자 누가를 본뜬 차가운 디저트

◇카테고리: 차가운 디저트 ◇상황: 디저트
◇구성: 달걀흰자+설탕+생크림+건과일+견과류

'누가'는 콩피즈리(설탕 과자)의 한 종류로, 프로방스 북부의 경계 지점에 있는 마을 몽텔리마르산이 유명하다. 남프랑스에서 재배가 활발한 아몬드나 꿀을 사용하기 때문에 남프랑스 전 지역에서 볼 수 있는 과자기도 하다. 이 종류의 차가운 디저트는 프랑스에서 파르페, 이탈리아에서는 세미프레도(Semifreddo)라 불린다. '반쯤 차가운 디저트'라는 뜻이다. 파르페는 현재의 아이스크림 제조법의 기초가 되는 디저트로, 이탈리아에서 프랑스로 전해졌다는 설이 있다. 누가 글라세는 휘핑한 달걀흰자에 꿀 시럽을 넣으면서 가열 응고시켜 만드는 이탈리안 머랭(→P51)과 휘핑한 생크림을 섞어 틀에 부어 만든다. 아이스크림을 만들 때처럼 여러 번 섞지 않아도 머랭과 생크림 기포의 힘으로 꽁꽁 얼지 않고 부드러운 식감으로 완성된다.

콩피즈리 누가

누가 글라세 (17.5×8×6㎝ 파운드 틀 1개 분량)

재료
통아몬드(껍질 있는 것)…20g
통피스타치오…20g
건살구…20g
건무화과(부드러운 것)…20g
건포도…20g
럼…1큰술
설탕…25g
달걀흰자…1개 분량
꿀…1큰술
물…2큰술
생크림…100㎖

만드는 법
1 틀에 유산지를 깐다.
2 견과류는 각각 큼직하게 썬다.
3 살구와 무화과는 건포도 크기로 썰고, 건포도와 함께 럼에 약 1시간 담가둔다.
4 작은 프라이팬으로 2를 볶는다. 아몬드부터 넣고, 고소한 냄새가 나기 시작하면 피스타치오를 넣어 가볍게 볶는다.
5 4에 설탕의 반을 넣고 프라이팬을 흔들면서 가열한다. 캐러멜색이 되면 견과류를 묻히고 유산지를 깐 도마 위로 옮긴다. 굳으면 밀대로 약 1㎝ 크기가 되도록 부순다.
6 볼에 달걀흰자를 넣고 거품기로 뽀얗게 될 때까지 거품을 낸다.
7 작은 냄비에 남은 설탕, 꿀, 물을 넣고 중불에 끓여 117℃가 될 때까지 가열한다.
8 6에 7을 조금씩 넣으면서 휘핑한 달걀흰자가 식을 때까지 계속해서 거품을 낸다.
9 얼음물을 받친 다른 볼에 생크림을 넣고 걸쭉해질 때까지 휘핑한다(70%로 휘핑).
10 9에 8의 1/3을 넣고 잘 섞는다.
11 10에 남은 8을 두 번에 나누어 넣고, 고무 주걱으로 거품이 꺼지지 않도록 재빨리 섞는다.
12 11에 럼을 제거한 3과 5를 넣고 가볍게 섞는다.
13 1에 12를 붓고 표면에 랩을 씌워 냉동실에서 하룻밤 식히면서 굳힌다.

 ○ 만드는 법 7의 117℃는 7을 몇 방울 떨어뜨렸을 때, 동그랗게 작은 덩어리가 생기는 온도.

페슈 멜바
Pêche Melba

'피치 멜바'란 이름으로 알려진 디저트

◇카테고리: 차가운 디저트　◇상황: 디저트, 간식
◇구성: 아이스크림+라즈베리 소스+복숭아+샹티이

페슈는 프랑스어로 '복숭아'를 뜻한다. 프랑스에서는 초여름부터 여름까지가 제철인 평평한 모양의 복숭아와 가을이 제철인 과육이 붉은 페슈 드 비뉴 등 복숭아 종류도 다양하다. 이 디저트를 고안한 이는 19~20세기를 대표하는 요리사 오귀스트 에스코피에(→P234)다. 에스코피에가 런던에 있는 사보이 호텔의 조리장이던 1894년, 호텔 단골손님이기도 한 오스트레일리아인 소프라노 가수 넬리 멜바는 런던의 코번트 가든에서 상연되는 오페라 〈로엔그린〉에 에스코피에를 초대한다. 멜바의 목소리에 감동한 에스코피에는 감사의 마음을 담아 '페슈 멜바'를 고안했다. 페슈 멜바의 그 호화스러운 모습을 소개하면 다음과 같다. 〈로엔그린〉의 제1막에 등장하는 신비한 백조를 본떠서 얼음으로 백조를 만들고 그 날개 사이에 은그릇을 끼운다. 그리고 그릇에 바닐라 아이스크림을 채운 복숭아를 담고, 마무리로 설탕 공예로 만든 미세한 베일 망을 감싼다. 그러던 1925년, 네덜란드의 빌헬미나 여왕이 암스테르담 왕궁에서 연 만찬회에 유명 디저트가 된 페슈 멜바가 나왔다. 하지만 그 일은 에스코피에를 배신하는 것이었다. 격노한 에스코피에는 언론에 선언했다. "나의 페슈 멜바는 무르익은 부드러운 복숭아, 섬세한 바닐라 아이스크림, 단맛을 더한 라즈베리 퓌레만으로 만든다!" 현재의 페슈 멜바라고 하면 바닐라 시럽에 졸인 황도, 바닐라 아이스크림, 라즈베리 퓌레, 여기까지는 에스코피에의 에스프리(정신)가 존중되지만, 샹티이(→P227)나 아몬드 슬라이스가 더해지는 경우가 많다.

페슈 멜바 (4인분)

재료

라즈베리 소스
　라즈베리 잼…4큰술
　물…20㎖
샹티이
　생크림…100㎖
　설탕…1큰술

바닐라 아이스크림…3컵(1컵=110㎖)
황도(통조림/반으로 잘린 것)…4개
아몬드 슬라이스(로스트)…적당량

만드는 법

1　라즈베리 소스를 만든다. 작은 내열 용기에 잼과 물을 넣고 전자레인지(600W)로 20~30초 돌리고 잘 섞어서 소스 상태로 만든다.
2　샹티이를 만들고(→P227), 별 모양 깍지를 끼운 짤주머니에 채운다.
3　유리그릇에 아이스크림을 담고 완전히 식은 1을 뿌린다.
4　3에 황도를 얹고, 2를 짜고 아몬드를 뿌린다.

푸아르 벨엘렌
Poire Belle-Hélène

서양배와 초콜릿의 달콤한 만남

◇카테고리: 차가운 디저트
◇상황: 디저트, 간식
◇구성: 아이스크림＋초콜릿 소스＋서양배

　프랑스에서는 아이스크림이나 판초코의 풍미로 서양배&초콜릿 맛을 자주 볼 수 있는데, 이 디저트에서 유래된 것이다. 처음 고안한 이는 오귀스트 에스코피에(→P234). 벨엘렌은 '아름다운 엘렌'이라는 뜻으로, 독일에서 태어난 작곡가 자크 오펜바흐의 오페레타 〈아름다운 엘렌(La belle Hélène)〉에서 따온 것이다. 이 오페레타는 1864년에 파리의 바리에테 극장에서 처음으로 공연되었고, 4년 뒤인 1870년에 푸아르 벨엘렌이 탄생했다.

푸아르 벨엘렌 (4인분)

재료

초콜릿 소스
　다크 초콜릿…50g
　생크림…50㎖
　우유…2큰술

바닐라 아이스크림…1컵(=110㎖)
서양배(통조림/반으로 잘린 것)…8개
서양배 꼭지(있다면)…4개

만드는 법
1　초콜릿 소스를 만든다. 초콜릿은 잘게 썬다.
2　작은 내열 용기에 1, 생크림을 넣고 전자레인지(600W 내외)로 20~30초 돌려 잘 섞는다. 우유를 더해 20~30초 더 돌린 후, 잘 섞어서 소스 상태로 만든다.
3　유리그릇에 아이스크림을 담고, 서양배를 얹어 2를 뿌리고 꼭지를 꽂아 장식한다.

쇼콜라 리에주아

Chocolat liégeois

부드러운 식감의 초콜릿 디저트

◇카테고리: 차가운 디저트
◇상황: 디저트, 간식
◇구성: 설탕＋우유＋생크림＋초콜릿

리에주아는 '리에주풍의'라는 뜻으로, 리에주는 벨기에 동부에 있는 도시 이름이다. 이 책에서는 초콜릿 맛을 소개하지만, 커피 맛인 카페 리에주아(Café liégeois)가 먼저 태어났다. 제1차세계대전에서 중요했던 리에주 전투(1914년, 독일이 프랑스를 공격하기 전에 주립국 벨기에의 리에주를 공격하면서 벌어진 전투)에 경의를 표하며, 파리의 카페에서 판매하던 빈풍의 커피를 '리에주풍'이라고 개명한 것이 시작이었다고 한다. 현재는 어느 쪽 맛이든 액체가 아닌 걸쭉한 크림을 베이스로 사용한다.

쇼콜라 리에주아 (4인분)

재료

초콜릿 크림	샹티이
다크 초콜릿…100g	생크림…100㎖
우유…500㎖	설탕…1큰술
설탕…50g	
옥수수 전분…25g	코코아파우더(무가당)
코코아파우더(무가당)	…적당량
…2큰술	

만드는 법

1 초콜릿 크림을 만든다. 초콜릿은 잘게 썬다.
2 냄비에 우유 100㎖, 설탕, 옥수수 전분, 코코아를 넣어 거품기로 날가루가 보이지 않을 때까지 잘 섞는다.
3 2에 남은 우유를 넣고, 중불에 올린다.
4 끓어오르기 직전에 불을 끄고, 1을 넣어 초콜릿이 완전히 녹을 때까지 고무 주걱으로 잘 섞는다.
5 4를 약불에 올려 고무 주걱으로 냄비 바닥을 8자를 그리면서 걸쭉해질 때까지 끓인다.
6 5가 한 김 식으면 유리그릇에 붓고 표면에 랩을 씌워 냉장고에서 식힌다.
7 샹티이를 만들고(→P227), 별 모양 깍지를 끼운 짤주머니에 채운다.
8 6에 7을 짜고, 코코아를 뿌린다.

121

프로피트롤
Profiteroles

슈 아이스에는 초콜릿 소스가 찰떡궁합

◇카테고리: 차가운 디저트   ◇상황: 디저트, 간식
◇구성: 슈 반죽＋아이스크림＋초콜릿 소스

프로피트롤은 바닐라 아이스크림을 채운 작은 슈를 그릇에 가득 담은 후 따뜻한 초콜릿 소스를 뿌려서 제공하는 인기 디저트다.

프로피트롤이라는 단어가 등장한 것은 16세기. 당시는 Profiterolle이라고 쓰며 고용된 사람들이 보수로 받는 '작은 이익'을 의미했다고 한다. 프랑스인 작가 프랑수아 라블레의 유명한 소설 《팡타그뤼엘》에도 이 단어가 나온다. 참고로 현대 프랑스어에서도 프로핏(Profit)은 '이익'이라는 뜻이다. 후에 Profiterolle은 '재 밑에서 구운 작은 경단 모양의 빵'을 가리키게 되었고 프로피트롤 수프의 건더기로 넣어 먹었던 듯하다. 1690년에는 대중적으로 '내장(송아지의 흉선육이나 어린양의 뇌 등)을 잘게 썰어 채운 작은 빵을 수프로 익힌 것'으로 인식하게 됐다고 한다.

Profiterolle이라는 단어가 나타났던 바로 그 시기에 현대의 프로피트롤에 사용되는 슈 반죽 또한 이탈리아에서 프랑스 왕실로 시집온 카트린 드메디시스의 고용 요리사에 의해 그 원형이 전해졌다고 한다(→P14).

19세기가 되자 우리가 아는 프로피트롤의 전신이 앙토냉 카렘(→P234)에 의해 고안되었다. 카렘은 스승이었던 장 아비스(→P234)가 완성시킨 슈 반죽에 크림(커스터드 크림 혹은 샹티이→P227)을 채우는 아이디어를 떠올렸다. 하지만 지금도 어떤 인물이 크림 대신 바닐라 아이스크림을 채워 초콜릿 소스를 뿌렸는지는 알 수 없다.

프로피트롤 (4인분)

재료

슈 반죽
- 무염 버터(실온 상태)…45g
- 박력분…45g
- 물…100㎖
- 소금…1/5작은술
- 달걀(실온 상태)…2개

초콜릿 소스
- 다크 초콜릿…50g
- 생크림…50㎖
- 우유…2큰술

바닐라 아이스크림…2컵(1컵=110㎖)
아몬드 슬라이스(로스트)…적당량

만드는 법

1. 슈 반죽을 만들어(→P224) 지름 1㎝의 원형 모양 깍지를 끼운 짤주머니에 채운 후, 유산지를 깐 오븐 팬에 지름 2㎝ 정도의 타원형으로 짠다.
2. 200℃로 예열한 오븐에서 20분, 170℃로 낮추어 20분 더 굽는다.
3. 2가 완전히 식으면 가로로 반 자른다.
4. 초콜릿 소스를 만든다. 초콜릿은 잘게 자른다.
5. 작은 내열 용기에 4, 생크림을 넣어 전자레인지(600W 내외)로 20~30초 돌려 잘 섞는다. 우유를 넣어 20~30초 더 돌리고 잘 섞어서 소스 상태로 만든다.
6. 3에 아이스크림을 채워 유리그릇에 담고 5를 뿌리고 아몬드를 뿌린다.

Pâtisserie familiale

가정식 과자

'가정식 과자'에서는 집에서 식사를 끝내고 먹는 디저트,
티타임, 혹은 간식 시간에 즐길 수 있는 과자를 모았다.
앞 장의 비스트로 과자와 중복되는 것도 많지만,
이 장에 수록된 디저트는 만드는 법이나 구성이 훨씬 단순하다.
가정식 과자는 주변에서 쉽게 구할 수 있는 것들을 활용해서
누군지도 모르는 사람이 자연스럽게 만들기 시작했기 때문에
역사를 알 수 없는 것도 많다.
하지만 가족을 위해서 몇 번이고 만들어온
따스한 역사를 지닌 디저트들이다.

크렘 아 라 바니유
Crème à la vanille

심플한 커스터드 디저트

◇카테고리: 달걀 과자   ◇상황: 디저트, 간식
◇구성: 달걀노른자+설탕+우유

커스터드 크림과 커스터드 소스 중간 정
도의 식감으로, 크림 디저트를 뜻하는 크렘 데
세르(Crème dessert) 카테고리에 속하는 디저트
다. '크렘'으로 불리는 디저트 중에서는 구성
이 가장 단순하다. 프랑스에는 1인분으로 개
별 포장된 냉장 과자 혹은 통조림까지 있다.
통조림 제품에는 1921년에 창업한 식품 브랜
드 몽블랑이 출시한 '크렘 데세르' 시리즈가
있다. 1962년에 등장한 이후 통조림 뚜껑만 열
면 바로 먹을 수 있는 간편한 디저트로서 눈
깜짝할 사이에 큰 인기를 얻었고 지금도 계속
판매되고 있다.

크렘 아 라 바니유 (4인분)
재료 달걀노른자···2개 분량 설탕···50g 옥수수 전분···15g 우유···500㎖ 바닐라빈···1/2개
만드는 법 1 볼에 달걀노른자, 설탕 반절을 넣고 거품기로 잘 섞는다. 2 1에 옥수수 전분을 넣고 날가루가 보이지 않을 때까지 섞는다. 3 냄비에 우유, 남은 설탕, 긁어낸 바닐라빈의 씨와 분리한 깍지까지 넣고 중불에 올린다. 4 끓어오르기 직전에 불을 끄고, 2에 조금씩 넣으면서 섞는다. 5 전부 다 넣은 후 다시 냄비에 옮겨 담고 약불에 올린다. 냄비 바닥에 고무 주걱으로 8자를 그리면서 걸쭉해질 때까지 섞는다.

우 오 레

Œufs au lait
별칭 / 포 드 크렘(Pot de crème), 크렘 오 즈(Crème aux œufs)

캐러멜이 없는 푸딩

◇카테고리: 달걀 과자
◇상황: 디저트, 간식
◇구성: 달걀+설탕+우유+생크림

직역하면 '우유를 넣은 달걀'이다. 달걀에
설탕 또는 소금, 우유나 생크림을 혼합한 액체
를 아파레유라 하는데 우 오 레는 설탕을 넣은
아파레유를 찐 것이다. 커피 맛과 초콜릿 맛
등 여러 가지 맛이 있다.

달걀이라는 프랑스어는 무척 성가신 단어
로 단수형은 외프(Œuf), 복수형은 우(Œufs)라
고 발음한다. 기본적으로 이 디저트에는 복수
의 달걀을 사용하기 때문에 '우 오 레(Œufs au
lait)'가 되지만, 레시피에 따라서는 '외프 오 레
(Œuf au lait)로 불리기도 한다.

우 오 레 (내열 용기 150㎖ 3개 분량)

재료
달걀…2개
설탕…50g
우유…200㎖
생크림…50㎖

만드는 법
1. 볼에 달걀을 넣어 잘 풀어주고 설탕을 넣고 거품기로
   잘 섞는다.
2. 1에 우유와 생크림을 순서대로 넣으면서 잘 섞는다.
3. 2를 체에 거르면서 용기에 넣는다.
4. 뜨거운 물을 부은 오븐 팬에 3을 올리고 150℃로
   예열한 오븐에서 20~30분 중탕해서 굽는다.

바바루아
Bavarois
별칭 / 크렘 바바루아즈(Crème bavaroise)

독일 바이에른의 이름을 딴 차가운 디저트

◇카테고리: 차가운 디저트　　◇상황: 디저트
◇구성: 달걀노른자＋설탕＋우유＋생크림＋젤라틴

바바루아와 무스 모두 젤라틴으로 굳히는 차가운 디저트여서 그런지 둘을 혼동하는 사람들도 많다. 바바루아는 커스터드 소스를 베이스로 사용하는데, 이 소스가 '바바루아'로 불리기 위한 절대조건이다. 무스는 '거품'이라는 뜻에서 알 수 있듯이 거품 낸 무언가가 들어가기만 하면 '무스'가 된다(→P132).

바바루아의 정식 명칭은 크렘 바바루아즈로 '바이에른 크림'이라는 뜻이다. 프랑스어는 남성명사와 여성명사가 존재하기 때문에 이에 따라 형용사도 변한다. 크렘은 여성명사이기 때문에 '바이에른의'라는 형용사 또한 여성형 '바바루아즈'로 써야만 한다. 약칭인 바바루아는 '바이에른의'라는 남성형 형용사가 '바이에른의 것'이라는 의미로 명사화한 것이다. 어찌되었든 이 과자가 독일 남부 바이에른에서 온

것임은 명백하다. 가장 유력한 설은 14세기, 프랑스 국왕인 샤를 6세에게 시집온 바이에른 공작의 딸 엘리자베트 폰 바이에른에 의해 전해졌다는 것이다. 단, 문헌은 남아 있지 않다.

앙토냉 카렘(→P234)이 고안했다는 샤를로트 파리지엔(→P113)에는 바바루아가 사용된다. 1815년에 출간된 카렘의 저서 《파리의 궁정 제과 장인(Le Pâtissier Royal Parisien)》에는 프로마주 바바루아(Fromage bavarois), 즉 바이에른풍 치즈라는 범주 안에 서른 종류가 넘는 레시피가 실려 있다. 그 당시 '치즈'는 '틀에 넣어서 굳힌 것'을 가리켰기 때문에 프로마주 바바루아는 치즈가 아닌 젤라틴으로 굳힌 디저트였다.

바바루아 (젤리 틀 150㎖ 4개 분량)

재료
가루 젤라틴…10g
물…100㎖
달걀노른자…3개 분량
설탕…70~80g
박력분…1작은술
우유…400㎖
바닐라빈…1/2개
생크림…100㎖

만드는 법
1　젤라틴을 물에 불린다.
2　볼에 달걀노른자, 설탕 반 분량을 넣고 거품기로 잘 섞는다.
3　2에 박력분을 넣고 날가루가 보이지 않을 때까지 섞는다.
4　냄비에 우유, 남은 설탕, 긁어낸 바닐라빈의 씨와 분리한 깍지까지 넣고 중불에 올린다.
5　끓어오르기 직전에 불을 끄고, 3에 조금씩 넣으면서 섞는다.
6　전부 다 넣은 후 다시 냄비에 옮겨 담고 약불에 올린다. 냄비 바닥에 고무 주걱으로 8자를 그리면서 걸쭉해질 때까지 끓인다.
7　6에 1을 넣어 젤라틴이 완전히 녹을 때까지 잘 섞는다.
8　7에 생크림을 넣고 잘 섞는다.
9　안쪽에 물을 묻힌 틀에 8을 체에 거르면서 붓고, 냉장고에서 약 2시간 굳힌다.

Maison

블랑망제
Blanc-manger

은은한 아몬드 향이 솔솔 나는 새하얀 디저트

◇카테고리: 차가운 디저트　◇상황: 디저트
◇구성: 설탕＋우유＋생크림＋아몬드＋젤라틴

　새하얀 겉모습 때문에 이탈리아 디저트의 하나인 판나 코타와 혼동하기 쉬운데, 블랑망제는 '하얀 음식'이라는 뜻으로, 프랑스에서 태어난 디저트다. 판나 코타와의 가장 큰 차이는 블랑망제에는 아몬드를 사용한다는 점이다. 아몬드 밀크를 사용하면 손쉽게 만들 수 있지만, 이 책의 레시피처럼 우유와 아몬드를 함께 삶아서 우유에 향을 입혀도 된다. 아몬드를 사용하는 이유는 블랑망제의 뿌리와 관련이 있다.

　블랑망제의 역사는 제법 깊은데, 중세 무렵부터 그 이름에 걸맞게 '하얀 음식'이었다고 한다. 타유방(→P235)이 쓴 중세 요리서 《르 비앙디에》에는 '아몬드 가루로 농도를 걸쭉하게 조절해 젤라틴 성질이 많은 흰 살 육류나 생선을 사용한, 달면서도 짭조름한 부드러운 포타주다'라고 쓰여 있다. 17세기 중반 무렵까지는 서적을 통해 그 존재를 확인할 수 있지만 프랑스혁명 직전부터 만들지 않게 되었는지, 이후 므농(→P235)이 1746년에 출간한 《브르주아 가정의 여자 요리사(La Cuisinière Bourgeoise)》에는 소개되지 않았다.

　그러다 제정 시대 종반 무렵이 되어 아몬드 가루와 젤라틴을 사용한 디저트로 다시 태어났다. 디저트로 완성한 이는 앙토냉 카렘(→P234)이다. 카렘은 1815년에 쓴 저서 《파리의 궁정 제과 장인》에서 블랑망제의 레시피를 소개했다.

　아몬드 밀크에 마라스키노, 세드라, 바닐라, 커피 등으로 향을 입힌 응용 레시피도 제안하고 있다. 세드라 껍질이나 바닐라, 커피 등은 아몬드 밀크를 데울 때 함께 넣어 향을 옮기는 게 좋다. 모두 도전해보고 싶은 레시피다.

블랑망제 (푸딩 틀 110㎖ 5개 분량)

재료	만드는 법
가루 젤라틴…7.5g 물…100㎖ 통아몬드(껍질 있는 것)…100g 우유…200㎖ 설탕…70g 생크림…200㎖ 통아몬드(껍질 있는 것)…적당량	1　젤라틴을 물에 불린다. 2　아몬드 100g은 뜨거운 물에 1~2분 삶는다. 3　2를 찬물에 담가 얇은 껍질을 벗겨내고 큼직하게 다진다. 4　작은 냄비에 우유와 3을 넣고 중불에 올려 끓어오르기 직전에 불을 끈다. 그대로 약 30분 두어서 우유에 아몬드 향을 입힌다. 5　4를 체에 걸러 우유만 작은 냄비에 옮겨 담고 설탕을 더해 약불에 올린다. 6　5의 설탕이 녹으면 불에서 내려 1을 넣고 젤라틴이 완전히 녹을 때까지 잘 섞는다. 7　6에 생크림을 넣고 잘 섞는다. 8　안쪽에 물을 묻힌 틀에 7을 붓고, 냉장고에서 약 2시간 식혀서 굳힌다. 9　틀에서 꺼내 그릇에 올리고 아몬드를 장식한다.

무스 오 프뤼이 루주
Mousse aux fruits rouges

딸기로 만든 베리 무스

◇카테고리: 차가운 디저트
◇상황: 디저트
◇구성: 설탕＋생크림＋베리＋젤라틴

무스는 '거품'이라는 뜻(→P129)으로, 무스의 정의는 '달걀흰자 혹은 생크림을 거품 낸 것, 혹은 둘 다 들어간 것'이다. 대부분은 젤라틴으로 굳히지만 무스 오 쇼콜라(→P106)처럼 초콜릿이 응고하는 힘으로 굳히는 것도 있다. 일반적으로 사용되는 과일은 대부분 붉은 과실(Fruits rouges)이다. 딸기, 라즈베리, 블랙베리, 블루베리, 레드 커런트, 블랙 커런트(까막까치밥나무 열매) 이외에 프랑스에서는 체리나 석류도 프뤼이 루주의 동료다.

무스 오 프뤼이 루주
(젤리 틀 100㎖ 8개 분량)

재료

가루 젤라틴…5g	설탕…60g
물…50㎖	레몬즙…2작은술
딸기…1팩(250g 내외)	생크림…200㎖

만드는 법

1 젤라틴을 물에 불리고, 전자레인지(600W)로 20~30초 돌려 녹인다.
2 딸기는 씻어 꼭지를 따고 키친타월로 물기를 닦는다.
3 2, 설탕 40g, 레몬즙을 믹서로 갈고 볼에 담는다.
4 얼음물을 받친 다른 볼에 생크림과 남은 설탕을 넣고 걸쭉해질 때까지 휘핑한다(70%로 휘핑).
5 3에 한 김 식은 1, 4의 1/3을 더해 잘 섞는다.
6 5를 4에 다시 담고 고무 주걱으로 거품이 꺼지지 않도록 재빨리 섞는다.
7 안쪽에 물을 묻힌 틀에 6을 붓고, 냉장고에서 약 2시간 식혀서 굳힌다.

Colonne 6

현대적인 앙트르메에 대하여

파리의 리츠 에스코피에 제과학교에서 '현대적인 앙트르메(→P236)'라는 이름의 수업이 있었다. 그 수업을 통해 배운 것은 내가 상상해오던 다양한 맛의 무스나 크림을 베이스로 한 아름다운 프랑스 과자, 바로 그 자체였다. 그리고 프랑스의 파티스리에는 고전적인 과자와 '무스나 크림을 베이스로 한 창작 과자'가 있다는 사실을 알게 됐다. 또한, 프랑스의 유명한 파티스리나 한국에 들어온 프랑스 과자는 후자가 많다는 것 또한 알게 되었다. 1990년대 후반, 내가 수업을 들었던 가게는 초콜릿을 잘 다루는 셰프 파티시에가 있었기 때문에 초콜릿을 사용한 창작 과자 대여섯 가지가 늘 진열되어 있었다. 앙트르메 분야의 디저트는 반죽을 깔고 무스나 크림을 올려 글라사주(→P229) 등으로 광택을 표현하는 등 구성부터 마지막 장식까지 파티시에의 기량이 크게 요구되고, 발휘할 기회도 많다. 최근에는 제과 재료나 도구가 발달하면서 오브제인 듯 입체감 있는 앙트르메나 블루그레이로 색을 입힌 앙트르메 등 새로운 것이 끊임없이 등장하고 있다.

지금 가장 잘나가는 스타 셰프 파티시에인 필립 콩티치니가 1994년에 고안한 것이 베린(Verrine)이다. 작은 유리잔에 반죽이나 크림, 무스 등을 층층이 쌓아 올린 디저트로, 일반적인 케이크에서는 사용할 수 없는 부드러운 크림이나 무스를 사용해 입에서 사르르 녹는 디저트를 만들었다. 이 세련된 자태가 대유행하면서 요즘은 아페리티프 등에 먹는 짭조름한 맛도 만들어졌다. 지금은 찾는 이가 많이 줄었지만 베린도 '현대적인 앙트르메'의 하나라 할 수 있다.

고전 과자를 재해석하는 파티스리 르비지테(Pâtisserie revisitée)를 시작한 사람 중 한 명이 콩티치니다. 그가 셰프 파티시에를 맡았던 '라 파티스리 데 레브(La Pâtisserie des Rêves)'는 직사각형의 생토노레나 미스터 도넛의 폰데링을 닮은 파리 브레스트 등을 판매하며 큰 화제가 되었다. 르비지테는 '재해석하다'는 뜻으로 여기서는 예전부터 있던 과자를 재해석해 새로운 과자로 재탄생시키는 것을 말한다. 즉 '딸기 찹쌀떡' 같은 것이다. 정겨움과 새로움이 합쳐진, 현재 가장 현대적인 앙트르메라 할 수 있지 않을까?

무스를 베이스로 한 창작 과자

살라드 드 프뤼이
Salade de fruits

제철 과일로 자유롭게 구성하다

◇카테고리: 과일 과자
◇상황: 디저트
◇구성: 설탕＋과일＋레몬즙

　프랑스의 과일 샐러드는 만드는 법이 크게
두 가지 있다. 하나는 이 책에서 소개하는 방법
으로, 자른 과일에 설탕과 레몬즙을 뿌려 과일
즙과 과일에서 나오는 수분으로 버무리는 것이
다. 또 다른 하나는 설탕과 물로 시럽을 만들어
자른 과일을 시럽으로 버무리는 방법이다. 프랑
스에서는 봄은 딸기나 그 외 베리류, 여름은 살
구나 복숭아, 가을은 포도나 사과, 겨울은 감귤
계나 리치 등 제철 과일을 사용하여 사람들을
즐겁게 한다. 이 책에서는 계절과 상관없이 언
제나 쉽게 구할 수 있는 과일을 사용했다.

살라드 드 프뤼이 (4인분)

재료

사과…1개	키위…1개
바나나…1개	오렌지…1개
레몬즙…1큰술	그래뉴당…20~30g

만드는 법

1　사과는 잘 씻어 심을 제거하고, 약 3㎜ 두께의
　부채꼴로 썰고 볼에 담는다.
2　바나나는 껍질을 벗기고 약 5㎜ 두께로 통썰기하고,
　레몬즙과 함께 1에 넣어 전체를 가볍게 버무린다.
3　키위는 껍질을 벗기고 5㎜ 두께의 부채꼴로 썰고
　2에 넣는다.
4　오렌지는 꼭지와 아랫부분을 썰고, 남은 겉껍질도
　속껍질과 함께 잘라낸다. 속껍질을 따라서 칼을 넣어
　과육만 도려내고 3에 넣는다. 남은 속껍질도 과즙을
　짜내고 3에 넣는다.
5　4에 그래뉴당 20g을 넣고, 전체를 가볍게 버무린다.
　랩을 씌워 냉장고에서 적어도 1시간은 식힌다.
6　먹기 직전에 맛을 보고 단맛이 부족하다면 남은
　설탕을 넣고 가볍게 버무린다.

○ 만드는 법 5에서 럼이나 브랜디 등 양주를 넣어도 된다.

콩포트 드 폼

Compote de pommes

사과로 만드는 가장 심플한 디저트

◇카테고리: 과일 과자
◇상황: 디저트, 간식
◇구성: 설탕+사과

과일 모양을 유지하면서 시럽에 졸인 것 콩포트라고 말하기도 하지만, 프랑스 현지의 콩포트는 설탕과 물을 넣어 모양이 허물어질 때까지 졸인 것을 말한다. 같은 당절임 과일이라고 해도 콩피튀르(잼)보다 들어가는 설탕량이 적어 보관할 수 있는 기간이 짧다. 사과로 만드는 콩포트는 콩포트 중에서도 가장 기본이며 아기 유아식으로 먹일 수도 있다. 아기 과자 판매대에는 사과&서양배, 사과&뤼바르브 등 다양한 과일을 섞은 콩포트 드 폼이 있다.

콩포트 드 폼 (4인분)

재료

사과(껍질과 심을 제거한 것)…400g
물…400㎖
설탕…40~60g
바닐라빈…1/2개

만드는 법

1 사과는 주사위 모양으로 큼직하게 자른다.
2 냄비에 1, 물, 설탕 40g, 긁어낸 바닐라빈의 씨와 분리한 깍지까지 넣고 중불에 올려 사과가 부드러워질 때까지 끓인다.
3 2를 밀대 끝부분으로 으깨거나 믹서기에 돌려 퓌레 상태로 만든다.
4 3을 다시 냄비에 넣고 나무 주걱으로 섞으면서 수분이 적당하게 남을 때까지 가열한다.
5 4의 단맛이 부족하다면 설탕 10~20g을 더 넣고, 가볍게 끓어오를 때까지 가열한다.

○ 냉장고에서 식혀 먹어도 맛있다.

폼 오 푸르
Pomme au four
별칭 / 폼 퀴트(Pomme cuite)

프랑스판 구운 사과

◇ 카테고리: 과일 과자
◇ 상황: 디저트
◇ 구성: 버터＋설탕＋사과

　　프랑스 사과는 한국보다 크기가 작다. 한국 사과의 평균 무게는 약 300g인데 프랑스는 약 150g으로 거의 절반이다. 프랑스 사과는 산미에 떫은맛도 있는 야생적인 맛이 특징이며 크게 세 가지로 나눌 수 있다. 생식용 테이블 사과(pomme de table, 이외에도 다양하게 불림), 가열용 사과(Pomme à cuire), 시드르(사과로 만든 양조주)용 사과(Pommes à cidre)다. 오 푸르라는 프랑스어는 '오븐 구이'라는 뜻으로, 별다른 비법 없이도 맛있게 완성되는 기특한 조리법이다.

폼 오 푸르 (1개 분량)

재료
사과(있다면 홍옥)⋯1개
설탕⋯15g
무염 버터⋯10g
시럽
┌ 물⋯50㎖
└ 설탕⋯5~10g

만드는 법
1　사과는 잘 씻어 바닥이 잘려나가지 않도록 주의하면서 심을 제거하고 전체를 포크로 꾹꾹 찍어 구멍을 낸다.
2　내열 용기에 1을 올려 구멍 낸 속과 껍질에 설탕 10g과 버터를 칠한다.
3　2를 180℃로 예열한 오븐에서 30분 굽는다.
4　시럽을 만든다. 작은 냄비에 물과 설탕을 넣어 중불에 올려 끓이면서 설탕을 녹인다.
5　3을 오븐에서 꺼내고 남은 설탕을 뿌린 다음 4를 끼얹는다.
6　5를 30분 더 굽는다. 도중에 두 번 정도 오븐을 열어 내열 용기에 쌓인 즙을 뿌려준다.

○ 뜨거울 때 바닐라 아이스크림을 곁들여 먹어도 좋다.

푸아르 오 뱅 루주

Poire au vin rouge

서양배 레드 와인 절임

◇카테고리: 과일 과자   ◇상황: 디저트
◇구성: 설탕+서양배+레드 와인+스파이스

서양배는 프랑스에서 사과 다음으로 대중
적인 과일이라 할 수 있다. 폼 오 푸르(→P136)
와 마찬가지로 특정한 누군가가 고안한 것이
아니다. 예전부터 프랑스인의 집 마당에는 과
일나무가 있었고 와인도 친근했기 때문에 자
연스레 만들어진 디저트라 할 수 있다. 오늘
날 프랑스에서는 봄을 제외한 모든 계절에 서
양배를 수확할 수 있다. 길쭉한 모양의 콩페
랑스(Conférence), 동글동글하게 생긴 코미스
(Comice), 서양배가 들어간 술인 '푸아르 윌리
엄'으로 유명한 윌리엄(Williams)이라는 품종이
잘 알려져 있다.

푸아르 오 뱅 루주 (1개 분량)

재료
서양배…4개
레드 와인…450㎖
물…50㎖
설탕…100g
시나몬 스틱…2개
월계수 잎…1장
바닐라빈…1/3개

만드는 법
1 서양배는 꼭지를 남겨두고 껍질을 벗긴다.
2 지름이 작고 높이가 있는 냄비에 와인, 물, 설탕,
   시나몬 스틱, 월계수 잎, 긁어낸 바닐라빈의 씨와
   분리한 깍지까지 넣고 중불에 올려 가볍게 저으면서
   한소끔 끓인다.
3 2에 1을 넣고 유산지로 덮어 뭉근한 불로 약 1시간
   조린다. 중간에 10분마다 냄비의 즙을 서양배 위로
   끼얹는다.
4 3에서 서양배를 꺼내고 중불에 즙이 반 정도로 줄
   때까지 끓인다.
5 서양배를 냄비에 다시 넣고 유산지로 덮어 하룻밤
   둔다.

○ 스파이스는 취향에 따라 추가한다.

베녜 오 폼
Beignets aux pommes

도넛 모양으로 튀긴 사과 과자

◇카테고리: 튀김 과자
◇상황: 디저트, 간식, 축하용 과자
◇구성: 밀가루+달걀+설탕+사과+시드르

베녜는 '튀김 과자'를 가리킨다. 프랑스 빵
집과 과자점에서 파는 베녜는 팥앙금 도넛 같
은 모양이다. 속에는 사과 콩포트(→P135)나 라
즈베리 잼이 들어 있다. 그러나 베녜 오 폼(사
과 튀김 과자)은 기본적으로 가정에서 만들어
먹는다. 프랑스 전역에 사과 산지가 많지만,
유명한 곳은 노르망디 지방이다. 반죽에 노르
망디 특산품인 시드르를 사용하면 향이 훨씬
깊어지므로 꼭 권하고 싶다. 없을 경우는 맥주
를 넣어도 좋다.

베녜 오 폼 (4~6인분)

재료

사과…2개	시드르…70㎖
레몬즙…1/2개 분량	박력분…70g
튀김옷	설탕…10g
달걀…1개	식용유…적당량
소금…1/4~1/5작은술	슈거파우더…적당량

만드는 법

1. 사과는 껍질을 벗기고 약 3㎜ 두께로 통썰기하고,
   입구가 큰 깍지 등으로 심을 도려낸다. 양쪽 면에
   레몬즙을 뿌린다.
2. 튀김옷을 만든다. 달걀은 노른자와 흰자로 분리해
   각각 다른 볼에 넣는다.
3. 노른자를 담은 볼에 소금을 넣고 거품기로 섞는다.
4. 3에 시드르를 넣고 잘 섞는다.
5. 4에 박력분을 체로 쳐서 넣고, 날가루가 보이지 않을
   때까지 섞는다.
6. 2의 흰자를 거품기로 뽀얗게 될 때까지 거품을 낸다.
   설탕을 넣고 뿔이 단단하게 서는 정도가 될 때까지
   휘핑한다.
7. 5에 6을 넣고 고무 주걱으로 거품이 꺼지지 않도록
   재빨리 섞는다.
8. 1에 7을 꼼꼼히 묻히고 170℃로 달군 기름으로
   구움색이 날 때까지 튀긴다.
9. 먹기 직전에 슈거파우더를 뿌린다.

크럼블 오 폼
Crumble aux pommes

영국에서 건너온 인기 디저트

◇카테고리: 과일 과자
◇상황: 디저트, 티타임
◇구성: 밀가루+버터+설탕+사과

　프랑스의 티 하우스에는 반드시 있는 디저트라 할 수 있다. 여기서 크럼블은 영어로 '잘게 부순 것'이라는 뜻이다. 사과를 사시사철 구할 수 있는 영국에서 남은 빵을 가루로 빻아 사과에 묻힌 것에서부터 시작되었다. 단, 20세기 이전의 문헌에는 등장하지 않는다고 한다. 크럼블의 어원은 '잘게 부서지다'라는 스칸디나비아의 고어에서 유래되었는데, 북유럽의 타르트는 바닥 시트에도 크럼블을 사용했기 때문에 이곳에서 전해졌을 가능성이 크다.

크럼블 오 폼 (바깥지름 23㎝ 파이 그릇 1개 분량)

재료
사과…2개
레몬즙…1/2개 분량
크럼블
　무염 버터…80g
　박력분…120g
　설탕…50g
　소금…2꼬집
　시나몬…1/2작은술

만드는 법
1　사과는 껍질을 벗기고 심을 제거해 약 2㎝ 크기로 깍둑썬다. 전체에 레몬즙을 뿌린다.
2　크럼블을 만든다. 버터를 1㎝ 크기로 깍둑썬다.
3　볼에 박력분과 2를 넣어 가루를 뿌리면서 버터를 손으로 뭉개면서 섞는다.
4　3에 설탕, 소금, 시나몬을 넣고 고슬고슬하게(팥 크기 정도) 뭉쳐, 냉장고에 적어도 15분은 넣어둔다.
5　틀에 1을 넣고 4를 전체에 뿌린다.
6　180℃로 예열한 오븐에서 30~40분 굽는다.

○ 박력분 120g 중의 40g을 오트밀이나 아몬드 가루로 바꿔도 좋다.

카트르카르
Quatre-quarts

동량 배합으로 만드는 기본 버터케이크

◇카테고리: 케이크   ◇상황: 조식, 디저트, 티타임, 간식
◇구성: 밀가루+버터+달걀+설탕

영어 Cake는 전반적인 케이크를 가리키지만, 프랑스에서는 파운드 틀을 사용해 구운 케이크를 통틀어서 케이크(Cake)라 부른다(→P66~69). 다른 나라에서는 파운드케이크나 버터케이크라 불리지만, 프랑스에서는 예외적으로 '케이크'라고 부르지 않는, 가장 단순한 배합으로 만드는 디저트다. 카트르카르는 '1/4이 4개'라는 의미로, 버터케이크의 주재료인 버터, 설탕, 달걀, 밀가루 네 가지 재료가 동량씩 들어 있음을 나타낸다. 영어의 파운드케이크도 네 가지 재료를 1파운드씩 사용한다는 것에서 유래되었다고 한다. 카트르카르는 19세기 중반 무렵부터 알려지기 시작했다.

달걀을 대략 1개에 50g(껍질을 제외한 무게, 특란 사이즈)으로 잡고 3개를 사용하면 버터 150g, 설탕 150g, 밀가루 150g이 되는 식이다. 되도록 설탕을 줄이는 것이 좋지만, 이름을 존중해서 동량 배합을 지키고 있다.

버터케이크의 레시피는 기본적으로 버터가 크림 상태가 될 때까지 풀어주고, 설탕, 달걀, 밀가루를 순서대로 넣는 것이다. 설탕이나 달걀을 넣을 때는 공기를 머금게끔 잘 섞어주는 것이 비결이다. 그러면 반죽 속 공기와 베이킹파우더의 힘으로 봉긋하게 솟아오른다. 레시피에 따라서는 달걀을 흰자와 노른자로 분리해 흰자를 머랭으로 만든 후에 추가하는 방법과 버터를 녹여 베이킹파우더 힘만으로 부풀게 하는 방법도 있다.

시장에서 팔던, 동그랗게 구운 독특한 카트르카르. 한 조각에 약 2.5유로로 (약 3,400원)

카트르카르 (19×9×높이 8㎝인 파운드 틀 1개 분량)

재료	만드는 법
박력분…150g 베이킹파우더…2작은술 소금…2꼬집 무염 버터(실온 상태)…150g 설탕…150g 달걀(실온 상태)…3개	1 틀에 유산지를 깐다. 2 가루류(박력분~소금)를 합쳐 잘 섞는다. 3 볼에 버터를 넣고 거품기로 부드러워질 때까지 섞는다. 4 3에 설탕을 조금씩 넣으면서 뽀얗고 폭신해질 때까지 섞는다. 5 4에 달걀을 1개씩 넣으면서 잘 섞는다. 6 5에 2를 체로 쳐서 넣고, 날가루가 보이지 않을 때까지 고무 주걱으로 자르듯이 섞는다. 7 1에 6을 붓고 표면에 랩을 씌워 냉장고에 하룻밤 넣어둔다. 8 180℃로 예열한 오븐에서 1시간 굽는다.

가토 오 야우르트

Gâteau au yaourt

요거트와 식용유로 만드는 건강한 케이크

◇카테고리: 케이크　◇상황: 조식, 디저트, 티타임, 간식
◇구성: 밀가루＋달걀＋설탕＋요거트＋식용유

1970년대에 산업화와 함께 유제품을 사용한 디저트가 발달하면서 널리 알려진 디저트가 바로 가토 오 야우르트(요거트 케이크)다. 이 케이크에 사용하는 무가당 플레인 요거트를 프랑스에서는 자그마한 용기에 125g씩 담아 판다. 그 레시피 또한 독특하다. 우선 요거트를 볼에 담는다. 그리고 빈 통이 된 요거트 용기를 사용해서 설탕, 식용유, 밀가루를 계량한다. 예를 들어 플레인 요거트 1병(1 pot de yaourt nature), 설탕 2병(2 pots de sucre), 밀가루 3병(3 pots de farine), 식용유 1/2병(1/2 pot d'huile)…… 이런 식이다. Pot는 '병'이나 '항아리'라는 뜻으로, 여기에서는 요거트 용기를 말한다. 옛날에는 요거트 용기를 도기나 유리로 만들었다. 요거트를 직접 만드는 가정도 있었는데, 벼룩시장에 가보면 작은 용기가 6~8개 들어가는 요거트 제조기를 발견할 때

가 있다. 큰 포장 용기에 넣어 팔지 않는 것도 1인분씩 만들었던 옛 제조법의 흔적이 아닐까?

버터가 아닌 식용유를 사용하는 것도 이 케이크의 특징이다. 프랑스는 단일식물로 만드는 기름이 일반적이며, 유채유나 해바라기유 등 향이 강하지 않은 것을 주로 사용한다. 우리에게 익숙한 샐러드유를 사용해도 좋을 것이다. 이 책에서는 아무것도 추가하지 않은 플레인 타입을 소개하고 있지만, 서양배나 사과를 넣으면 훨씬 맛있어지니 그 레시피도 추천하고 싶다.

프랑스의 플레인 요거트

가토 오 야우르트 (지름 16㎝ 링 틀 1개 분량)

재료
박력분…80g
베이킹파우더…1작은술
달걀…1개
설탕…50g
식용유…25㎖
플레인 요거트(무가당)…100g

만드는 법
1　틀에 버터(분량 외)를 얇게 바르고 박력분(분량 외)을 뿌린다.
2　박력분과 베이킹파우더를 합쳐 잘 섞는다.
3　볼에 달걀을 넣어 잘 풀어주고 설탕을 넣고 거품기로 잘 섞는다.
4　3에 식용유와 요거트를 순서대로 넣으면서 잘 섞는다.
5　4에 2를 체로 쳐서 넣고, 날가루가 보이지 않을 때까지 고무 주걱으로 자르듯이 섞는다.
6　1에 5를 붓고, 170℃로 예열한 오븐에서 40~50분 굽는다.

○ 1㎝ 크기로 깍둑썬 사과나 서양배를 넣어 구워도 좋다.
○ 17.5×8×높이 6㎝ 파운드 틀에 구워도 된다.

퐁당 오 쇼콜라

Fondant au chocolat

별칭 / 가토 오 쇼콜라(Gâteau au chocolat), 무알르 오 쇼콜라(Mœlleux au chocolat)

입에서 살살 녹는 대표적인 초콜릿 케이크

◇카테고리: 초콜릿 과자　◇상황: 디저트, 티타임, 간식
◇구성: 밀가루+버터+달걀+설탕+초콜릿

초콜릿 케이크는 프랑스 남녀노소 누구나가 좋아하는 케이크다. 아이 생일 파티나 취향을 잘 모르는 사람을 집으로 초대했을 때 초콜릿 케이크를 만들어두면 실패할 확률이 없다.

퐁당은 '녹는다'라는 뜻의 동사 Fondre의 현재분사가 '입에서 녹는다'라는 뜻의 형용사가 되어 '입에서 녹는 것'이라는 명사로 변화한 것이다.

주로 초콜릿, 버터, 달걀로 만들며 가루류가 적게 들어가기 때문에 식감이 부드러워 이러한 이름이 붙여졌다. 가토 오 쇼콜라는 일반적으로 퐁당보다 가루류가 많이 들어가며 버터 케이크 식감에 가깝다.

또 하나, 무알르 오 쇼콜라라는 명칭이 있는데 최근 프랑스에서는 가토 오 쇼콜라에 가까운 것을 이렇게 부르는 경향이 있다. 참고로 무알르는 '부드러운 것'이라는 의미다. 이 세 가지는 만드는 법에 따라 이름이 다르기 때문에 눈으로만 봐서는 구별하기 어렵다.

이 책에서는 가운데서 반죽이 흘러내리는 초콜릿 케이크를 쿨랑 오 쇼콜라(→P107)로 소개했다. 이것도 미퀴 오 쇼콜라(Mi-cuit au chocolat, 반만 익힌 초콜릿 케이크)나 퐁당 오 쇼콜라 등 레시피에 따라 이름이 제각각이다. 통일감이 없는 부분이 프랑스다운 것 같다.

퐁당 오 쇼콜라 (지름 18㎝ 주름 틀 1개 분량)

재료

박력분…4큰술
코코아파우더(무가당)…2큰술
다크 초콜릿…300g
무염 버터…100g
달걀…4개
럼…2큰술
인스턴트커피…1큰술
설탕…1큰술

슈거파우더…적당량

만드는 법

1 틀에 버터(분량 외)를 얇게 바른다.
2 박력분과 코코아를 합쳐 잘 섞는다.
3 초콜릿은 잘게 다지고, 버터는 2㎝ 크기로 깍둑썬다.
4 볼에 3을 넣고 볼 바닥을 중탕하면서 녹인다.
5 달걀은 노른자와 흰자로 분리해 노른자는 4에 넣어 거품기로 잘 섞는다. 흰자는 다른 볼에 넣는다.
6 5의 초콜릿이 담긴 볼에 럼과 인스턴트커피를 순서대로 넣으면서 잘 섞는다.
7 5의 흰자를 거품기로 뽀얗게 될 때까지 거품을 낸다. 설탕을 넣고 뿔이 단단하게 서는 정도가 될 때까지 휘핑한다.
8 6에 7의 1/3을 넣고 거품기로 고루 섞는다. 2를 체로 쳐서 넣고, 날가루가 보이지 않을 때까지 섞는다.
9 8에 남은 7을 두 번에 나누어 넣고, 고무 주걱으로 거품이 꺼지지 않도록 재빨리 섞는다.
10 1에 9를 붓고 뜨거운 물을 부은 오븐 팬에 올려 180℃로 예열한 오븐에서 30~40분 중탕해서 굽는다.
11 한 김 식으면 틀에서 빼내고 완전히 식힌 후에 슈거파우더를 뿌린다.

ㅇ 지름 18㎝ 원형 틀에 구워도 된다.

145

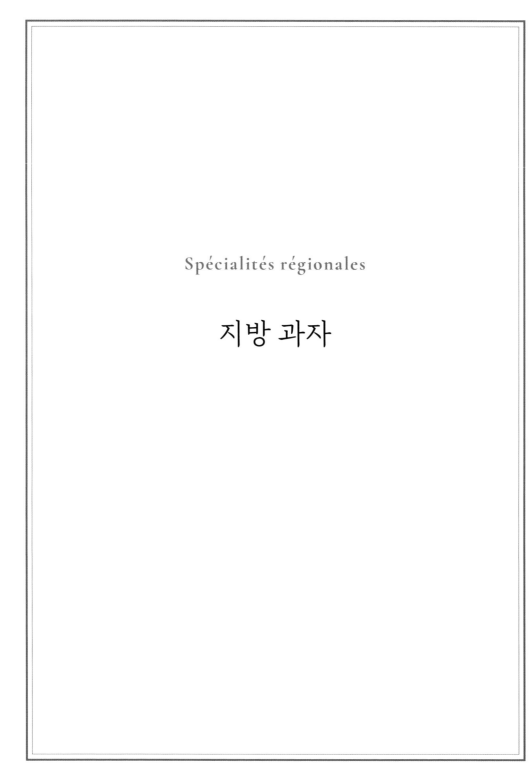

Spécialités régionales

지방 과자

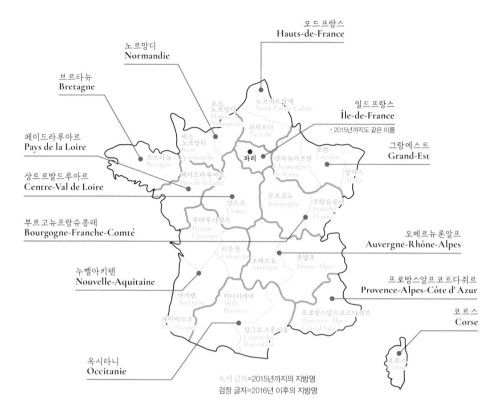

오드프랑스
Hauts-de-France

노르망디
Normandie

브르타뉴
Bretagne

일드프랑스
Île-de-France
· 2015년까지도 같은 이름

페이드라루아르
Pays de la Loire

그랑에스트
Grand-Est

상트르발드루아르
Centre-Val de Loire

부르고뉴프랑슈콩테
Bourgogne-Franche-Comté

오베르뉴론알프
Auvergne-Rhône-Alpes

누벨아키텐
Nouvelle-Aquitaine

프로방스알프코르트다쥐르
Provence-Alpes-Côte d' Azur

코르스
Corse

옥시타니
Occitanie

오
노르망디
Haute-
Normandie

노르파드칼레
Nord-Pas-de-Calais

바스
노르망디
Basse-
Normandie

피카르디
Picardie

로렌
Lorraine

브르타뉴
Bretagne

파리

샹파뉴아르덴
Champagne-
Ardenne

알자스
Alsace

페이드라루아르
Pays de la Loire

상트르
Centre

부르고뉴
Bourgogne

프랑슈콩테
Franche-
Comté

푸아투샤랑트
Poitou-
Charentes

리무쟁
Limousin

오베르뉴
Auvergne

론알프
Rhône-Alpes

아키텐
Aquitaine

미디피레네
Midi-
Pyrénées

프로방스알프코르트다쥐르
Provence-Alpes-
Côte d'Azur

페이바스크
Pays-basque

랑그도크루시용
Languedoc-
Roussillon

코르스
Corse

녹색 글자=2015년까지의 지방명
검정 글자=2016년 이후의 지방명

2016년에 프랑스 지방이 재편성, 통합되어
22곳이었던 지방이 13곳이 되었다.
브르타뉴 지방이나 노르망디 지방처럼 편성 전과 후가
거의 바뀌지 않은 지방이 있는가 하면
알자스 지방, 로렌 지방, 샹파뉴아르덴 지방이
통합되어 '그랑에스트'가 되는 등 크게 바뀐 곳도 있다.
아직 프랑스혁명 이전부터 불리던 오래된 이름을 사용하고
과자 이름에 사투리가 쓰이는 지방도 있어
옛 모습 그대로인 지방에 애착을 많이 느낀다.
그런 향토색 풍부한 토지에서 성장해온 디저트를 소개한다.

그랑에스트
(알자스 / 로렌 / 샹파뉴아르덴)
Grand-Est
(Alsace / Lorraine / Champagne-Ardenne)

* 쿠글로프 →P152
* 팽 다니스 →P155
* 베라베카 →P158
* 가토 오 쇼콜라 드 낭시 →P159
* 비스퀴 로제 드 랭스 →P160

알자스인의 수제 쿠글로프

부활절에 먹는 양 모양 과자

오드프랑스
(노르파드칼레 / 피카르디)
Hauts-de-France
(Nord-Pas-de-Calais / Picardie)

* 고프르 →P162
* 크라미크 →P164
* 타르트 오 쉬크르 →P166
* 다르투아 →P168

알자스 지방은 독일 국경에 접한 지역으로, 독일에 점령되었던 역사가 있다. 알자스어라는 독일어와 닮은 언어가 있으며, 쿠글로프(→P152)나 타르트 오 프로마주 블랑(→P39) 등 독일이나 오스트리아의 영향을 받은 과자가 깊이 뿌리내려 있다. 그 외에도 크리스마스나 부활절 등 종교 행사와 관련된 독자적인 과자가 남아 있는 것도 알자스만의 특징이리라.

로렌 지방은 보주산맥이나 뫼즈강, 모젤강이라는 아름다운 자연과 광대한 과수원에서 수확하는 넉넉한 과일이 있다. 특히 유명한 과실이 레드 커런트(→P207)와 미라벨이다. 단것을 좋아하고 미식가였던 전 폴란드 국왕 스타니스와프 레슈친스키가 이곳을 통치하던 18세기에는 바바 오 럼(→P40)이나 마들렌(→P72) 등이 탄생했다.

샹파뉴아르덴 지방은 최고급인 발포성 와인인 샴페인(프랑스어로 샹파뉴)이 만들어지는 곳이다. 샴페인에 어울리게끔 고안되었다는 비스퀴 로제 드 랭스(→P160)나 부르고뉴보다 먼저 들어왔다고 하는 팽 데피스(→P192)가 유명하다.

북프랑스는 벨기에 서부, 네덜란드 남부와 함께 '플랑드르'라 불리는데 옛날에는 플랑드르 백작령이었다. 이러한 역사적 배경 때문에 노르파드칼레 지방에서는 벨기에, 네덜란드와 비슷한 식문화를 쉽게 찾아볼 수 있는데, 고프르(와플 →P162)와 크라미크(→P164)를 그 예로 들 수 있다. 유명한 첨채(사탕무, 비트→P167)나 치커리 산지이기도 해서 첨채나 치커리의 뿌리를 볶아서 만드는, 치커리 커피를 활용한 디저트가 있는 것도 특징이다.

노르파드칼레 지방의 남쪽에 위치한 피카르디 지방의 향토 과자로는 마카롱 다미앵(→P78)이 유명하다.

노르망디
(오트노르망디 / 바스노르망디)
Normandie
(Haute-Normandie / Basse-Normandie)

* 브리오슈 →P170
* 브루들로 →P172
* 미를리통 드 루앙 →P174
* 트르굴 →P176

브르타뉴
Bretagne

* 가토 브르통 →P178
* 퀴니아망 →P180
* 파르 브르통 →P182
* 카스텔 뒤 →P184

* 버터의 풍미를 즐기게끔 가열하지 않고
  그대로 먹는 고급스러운 버터

페이드라루아르
Pays de la Loire
상트르발드루아르
Centre-Val de Loire
부르고뉴프랑슈콩테
Bourgogne-Franche-Comté

* 프티뵈르 →P186
* 크레메 당주 →P188
* 페 드 논 →P189
* 피티비에 →P190
* 팽 데피스 →P192

목초지가 토지의 절반 정도를 차지하는 노르망디 지방은 젖소 사육이 활발히 이루어진다. 소젖으로 만드는 버터와 생크림, 치즈는 프랑스에서도 손꼽히는 우수한 품질을 자랑한다. 버터를 잔뜩 사용하는 사블레(→P80)와 브리오슈(→P170)가 이 지방에서 탄생했다는 것도 쉽게 이해가 간다. 또 다른 특산품으로 사과를 들 수 있는데, 사과로 시드르(양조주)와 칼바도스(증류주)도 만든다. 사과를 사용한 과자가 많은 것도 노르망디만의 특징이다.

프랑스 서쪽의 맨 끝에 있으며 브르통어라는 독자적인 언어가 존재한다. 대서양 변에서는 어업이 발달했지만, 내륙은 토지가 메말라 밀이 자라지 않았다. 그 대신 메밀을 심었고, 크레프의 전신인 갈레트가 이 지역에서 탄생했다. 버터도 유명한데 브르타뉴의 버터가 다른 지방과 다른 점은 가염이라는 것(프랑스 테이블용 버터*는 무염 버터가 일반적임)이다. 프랑스 전국에서 꾸준한 인기를 끌고 있는 카라멜 블루 살레(소금 버터 캐러멜)나 가염버터를 사용한 구움과자 등도 있다.

루아르강 유역에는 16세기 이후에 지어진 왕가와 귀족의 옛 성들이 산재해 있다. 페이드라루아르 지방의 대서양쪽 노르망디와 브르타뉴 지방 계통인 중심 도시 낭트는 버터를 사용한 사블레나 프티뵈르(→P186)가, 방데주는 브리오슈가 유명하다. 비교적 내륙 도시인 앙제는 구움과자를 주로 먹는 지방으로는 드물게 생크림을 사용한 차가운 디저트 크레메 당, 당제(→P188)가 있다.

상트르발드루아르 지방은 유럽의 몇 안 되는 곡창지대인 보스 평야가 있으며 셰브르 치즈와 화이트 와인의 산지로도 유명하다. 피티비에(→P190)나 타르트 타탱(→P110), 마카롱 드 코르메리(→P78) 등 토지의 역사를 느낄 수 있는 과자가 남아 있다.

부르고뉴 지방은 말할 것도 없이 와인의 명산지다. 명품

디종의 팽 데피스 가게

소 샤롤레, 에스카르고, 머스터드 등 프랑스를 대표하는 맛있는 음식들이 모여 있다. 디저트라면 부르고뉴 공국 시대에 만들어진 팽 데피스(→P192)나 베리 계통의 블랙 커런트(→P207)를 사용한 디저트 등이 유명하다.

프랑슈콩테 지방은 원래 부르고뉴 공국령의 일부로, 역사적으로는 오늘날처럼 하나의 지역이었다. 하지만 쥐라산맥이 있고, 그 건너편에는 스위스가 있기에 식문화적으로는 스위스의 영향을 강하게 받았다.

오베르뉴론알프
Auvergne-Rhône-Alpes

오베르뉴 지방은 예전부터 화산군이 모여 있는 '중앙 고지'를 공유하는 리무쟁 지방과 묶어서 생각하는 경우가 많다. 지리적인 이유로 농작물도 잘 자라지 못하고, 오베르뉴 사람들은 일거리를 찾아 타지인 파리로 나갈 수밖에 없었다. 그들은 파리에서 숯 장사를 하면서 그 옆에서 와인을 팔기 시작했다. 이것이 카페로 발전하여 파리 카페 문화의 기초를 쌓았다는 이야기는 이미 유명하다.

통합된 론알프 지방은 오베르뉴와는 대조적이다. 미식거리로 유명한 리옹을 중심으로 폴 보퀴즈(→P235) 등 마을여기저기에 별 달린 레스토랑이 있는 미식 지역이다. 옛사부아 지방도 포함해 14세기에 탄생한 비스퀴 드 사부아(→P204)가 있다.

누벨아키텐
[푸아투샤랑트 / 리무쟁 / 아키텐(페이바스크)]
Nouvelle-Aquitaine
[Poitou-Charentes / Limousin / Aquitaine(Pays-basque)]

옥시타니
(미디피레네 / 랑그도크루시용)
Occitanie
(Midi-Pyrénées / Languedoc-Roussillon)

푸아투샤랑트 지방은 에쉬레 버터로 대표되는 샤랑트산 버터가 유명하다. 샤랑트는 노르망디와 함께 프랑스 2대 버터 산지 중 하나다.

리무쟁 지방은 앞의 오베르뉴 지방과 지리적으로 닮았고 체리를 사용한 클라푸티(→P98)가 태어난 곳이다.

아키텐 지방은 와인 산지 보르도, 푸아그라와 호두 산지 페리고르 지방, 그리고 스페인 국경에 있는 바스크 지방 등 특색 있는 도시와 지방이 모여 있다. 바스크는 프랑스와 스페인 양국에 걸쳐 있어 프랑스 쪽에 3개 주, 스페인쪽에 4개 주를 합친 총 7개 주로 이루어져 있다. 현재 행

* 투르토 프로마제→P208
* 브루아예 뒤 푸아투→P209
* 크루스타드 오 폼→P210
* 가토 바스크 오 스리즈→P212
* 밀라스→P214
* 크로캉→P215

이차소 마을의
블랙 체리 잼

정 구분에는 존재하지 않지만, 바스크만의 독자적인 언어와 문화가 짙게 남아 있는 지방이다. 가토 바스크(→P212)는 바스크 디저트의 대표라 할 수 있다. 바스크는 스페인에서 가장 처음 초콜릿이 전해진 지역으로서도 유명하다.

미디피레네 지방과 랑그도크루시용 지방은 원래 비슷한 문화권이어서 '옥시타니'로 통합되었지만 크게 위화감이 없다. 사시사철 일조시간이 길어 와인 생산도 활발하다. 아니스 씨를 사용한 과자와 중심 도시인 툴루즈의 제비꽃을 이용한 디저트가 유명하다.

프로방스알프코트다쥐르
Provence-Alpes-Côte d'Azur

코르스
Corse

* 칼리송→P216
* 나베트→P218
* 트로페지엔→P220
* 피아돈→P222

프랑스인이 동경하는 반짝이는 태양과 감청색 바다가 있는 프로방스알프코트다쥐르 지방. 내륙부의 프로방스와 지중해에 면한 코트다쥐르는 경치가 조금씩 다르지만, 아몬드나 잣송이, 당절임 과일(→P67), 꿀 등을 사용한 오리지널 디저트가 가득하다. 칼리송(→P216)이나 누가(→P117)는 그 대표로 뽑을 수 있다.

코르스는 프랑스 남동쪽에 있는 섬으로 '코르시카섬'으로 잘 알려져 있다. 나폴레옹 보나파르트의 출생지로서도 유명한 섬이다. 이탈리아어와 닮은 코르시카어가 존재하며, 독자적인 문화를 자랑스러워하는 사람들이 살고 있다. 섬이라는 특징을 살린 디저트도 풍부하다. 코르시카산 프레시 치즈인 '브로치우'를 사용한 베이크드 치즈 케이크인 피아돈(→P222)이나 타르트, 베녜 등 종류도 다양하다. 아르데슈아(→P195)와 함께 밤의 산지이기도 해서 밤 가루를 사용한 케이크나 쿠키 등도 만들어진다. 클레멘타인(→P207)을 포함해 감귤계 과일도 풍부하다.

시장에서 팔던 수제 칼리송

피스타치오 맛과 오렌지×꿀맛 등
다양한 색의 나베트

쿠글로프

Kouglof

별칭 / 쿠겔호프(Kougelhof) 등등

알자스의 상징적인 발효 과자

◇카테고리: 발효 과자　◇상황: 조식, 디저트, 티타임, 간식, 아페리티프
◇지역: 알자스 지방　◇구성: 밀가루+버터+달걀+설탕+우유+건포도+아몬드

　알자스 지방을 대표하는 과자 쿠글로프는 건포도를 넣어 반죽하고 위에는 통아몬드를 박는다. 구워진 그대로 가게 진열장에 늘어놓는데 사갈 때 슈거파우더를 듬뿍 뿌려준다. 예로부터 알자스에서는 일요일 아침 식사에 맞춰 각 가정에서 쿠글로프를 구웠다고 한다. 쿠글로프 살레(Kouglof salé)라는 짠맛 도는 종류도 있는데, 건포도 대신 베이컨을 넣어 반죽하고 아몬드 대신 호두를 올려서 굽는다. 아페리티프의 안주로 알자스산 화이트 와인과 함께

즐기는 것이 전통이다. 10년 정도 전의 이야기지만, 알자스에 사는 프랑스인 집에서 달콤한 쿠글로프를 알자스산 화이트 와인과 함께 먹은 적이 있었다. 달콤한 과자와 술의 조합도 무척 잘 어울렸다.

　쿠글로프는 알자스어로는 쿠겔호프 등으로 말한다. 그 발상에 관해서는 여러 가지 설이 있지만, 존재 자체는 중세부터 확인할 수 있다. 독일을 중심으로 그 주변 지역, 즉 프랑스의 알자스로렌 지방과 오스트리아, 스위스, 룩

쿠글로프 (지름 15㎝ 쿠글로프 틀 1개 분량)

재료

통아몬드(껍질 있는 것)…13알
건포도…50g
럼…1큰술
우유…65㎖
무염 버터…30g
인스턴트 드라이이스트…3g
강력분…190g
설탕…50g
달걀…1개
소금…1/4작은술

슈거파우더…적당량

만드는 법

1　틀에 버터(분량 외)를 얇게 바르고 강력분(분량 외)을 뿌려 틀 바닥에 아몬드를 가지런히 놓는다.
2　건포도를 뜨거운 물에 10분 불렸다가 부드러워지면 물기를 빼고, 잠길 만큼 럼을 뿌린다.
3　작은 냄비에 우유를 넣고 중불에 올려 끓기 직전까지 데운다. 1큰술(15㎖)만 작은 용기에 덜어둔다.
4　3의 남은 우유에 버터를 넣고 완전히 녹을 때까지 고무 주걱으로 잘 섞는다. 다 녹지 않으면 다시 냄비를 불에 올린다.
5　3의 우유 1큰술이 사람 피부 온도(30~40℃)로 되면 이스트를 넣고 가볍게 섞어 5분 그대로 둔다.
6　볼에 강력분 170g, 설탕, 5를 넣어 손으로 가볍게 섞는다.
7　6에 달걀, 4를 순서대로 넣으면서 치댄다. 반죽이 손에 어느 정도 달라붙지 않을 때까지 치대면서 반죽한다.
8　7에 남은 강력분을 넣고 5분 치댄다. 소금을 넣고 5분 더 치댄다.
9　8에 2를 넣고 5분 치댄다.
10　9를 랩으로 싸서 30~40℃인 장소에(혹은 오븐 발효 기능을 사용해서) 1시간 휴지시킨다.
11　10이 2~3배 정도로 부풀면 반죽을 주먹으로 눌러 가스를 빼고 그대로 10분 둔다.
12　11 한가운데에 손으로 구멍을 내서 1에 넣고 랩을 씌워 30~40℃인 장소에(혹은 오븐 발효 기능을 사용해서) 40분 휴지시킨다.
13　180℃로 예열한 오븐에서 30~45분 굽는다.
14　한 김 식으면 틀에서 빼내고 완전히 식힌 후에 슈거파우더를 뿌린다.

셈브루크 등에 존재했었다. 그 무렵에는 마을 결혼식이나 세례식 때 먹곤 했다고 한다. 독일어로는 구겔후프(Gugelhupf)라고 하며 구겔은 '승려의 모자', 후프는 '맥주 효모'라는 뜻이다. 반죽을 맥주 효모로 발효시켰음이 이름만 봐도 명확하다. 하지만 최근 독일이나 오스트리아에서 볼 수 있는 구겔후프는 쿠글로프 틀로 구운 버터케이크 반죽이 많은 듯하다.

알자스에는 쿠글로프 탄생에 관한 근사한 민화가 남아 있다. 이야기는 다음과 같다. 어느 날 리보빌이라는 작은 마을에 사는 토기장이가 동박박사 세 사람(성서의 등장인물. 동방에서 예수의 탄생을 알고 축하 선물을 가지고 만나러 옴 →P63)에게 하룻밤 묵을 곳을 마련해주었다. 동방박사들은 감사의 표시로 토기장이가 만든 독특한 도기를 사용해 빵을 구웠는데 그게 바로 쿠글로프라고 한다. 그렇다고 하면 쿠글로프는 기원 전후에 탄생했다는 뜻이 된다. 리보빌 마을에서는 1972년부터 6월이 되면 '쿠글로프 축제'가 행해졌다(현재는 열리지 않음).

프랑스 궁정에는 빈에서 루이 16세에게 시집간 마리 앙투아네트에 의해 전해졌다는 설도 있다. 유년 시절, 조식으로 즐겨 먹던 쿠글로프가 먹고 싶었던 마리 앙투아네트가 만들라고 명했다고 한다. 문헌에는 1890년에 출간된 피에르 라캉(→P235)의 저서 《프랑스 과자 메모리얼》에서 등장한다. 이 책에서는 쿠글로프가 1840년에 알자스의 중심 도시 스트라스부르에서 파리로, 조르주라는 제과 장인이 들여왔다고 기록되어 있다. 조르주는 성 트리니티 교회 근처의 쇼세 당탱 지구(가르니에 오페라 극장 뒤쪽, 현재 파리 9구)에 있는 음식 거리에 시크한 가게를 차렸다. '구글루프(Gouglouf)'라 이름 지은 쿠글로프는 가게의 인기 상품이었다고 한다.

쿠글로프는 도기 틀을 사용해서 굽는다. 도기 틀에는 눈에 보이지 않는 구멍이 무수히 뚫려 있고, 열과 증기가 그 구멍을 통과해 반죽이 폭신하게 구워진다. 이 틀은 알자스 북부, 독일 국경에 가까운 주플렌하임 마을에서 만들고 있다. 마을 특유의 점토를 사용해 쿠글로프 틀과 아뇨 파스칼(→P156) 틀, 베코프라는 알자스 요리를 만드는 데 필요한 뚜껑 있는 타원형 냄비 등 예로부터 알자스의 부엌에 빠질 수 없는 도구를 만들고 있다. 제과점 주방에서는 무늬나 색 등이 없는 백토의 주플렌하임 도기 틀을 사용한다. 알자스에서는 어느 마을에 가도 화사하게 색을 입힌, 실제로 오븐에도 사용할 수 있는 실용적이면서 귀여운 쿠글로프 틀을 발견할 수 있다.

알자스 기념품 가게에서 파는 주플렌하임 도기

팽 다니스
Pain d'anis
별칭 / 스프링걸레(Springerle)

오돌토돌 귀여운 크리스마스 과자

◇카테고리: 구움과자
◇상황: 티타임, 간식, 축하용 과자
◇지역: 알자스 지방　◇구성: 밀가루+달걀+설탕+아니스 씨

　팽 다니스는 중세부터 존재했으며 알자스
지방 외에 스위스나 독일 남부 바덴뷔르템베
르크주에서도 볼 수 있는 과자다. 주로 크리스
마스 시기에 만들어(→P157), 전나무에도 장식
한다. 사용하는 새김 틀은 테라코타형도 보이
지만, 16~20세기까지는 서양배 나무를 파서
만들었다고 한다. 모티프는 하트, 직공, 동물,
성서의 한 장면 등 다양하다. 원래는 틀에서
찍어낸 후, 12~24시간 실온에서 건조한다. 구
움색을 거의 내지 않고 굽는 것이 특징이다.

팽 다니스 (10×7.5cm 새김 틀 6개 분량)

재료

아니스 씨…2작은술	소금…1꼬집
달걀…1개	박력분…180g
설탕…100g	

만드는 법
1　아니스는 절구로 가볍게 빻아 향을 낸다.
2　볼에 달걀을 넣어 잘 풀어주고 설탕, 소금을 넣고
　　거품기로 잘 섞는다.
3　2에 1을 박력분을 체로 쳐서 넣고 날가루가 보이지
　　않을 때까지 고무 주걱으로 자르듯이 섞는다.
4　3을 손으로 한 덩어리로 뭉치고 랩을 씌워 냉장고에
　　하룻밤 둔다.
5　4를 밀대로 5mm 두께로 밀고, 강력분(분량 외)를
　　꼼꼼하게 뿌린 릴리프 틀을 올려 세게 누른다. 틀을
　　천천히 벗기고 무늬 가장자리를 따라 칼로 자른다.
6　유산지를 깐 오븐 팬에 5를 가지런히 놓고, 180℃로
　　예열한 오븐에서 10~15분 굽는다.
○　틀이 없다면 반죽을 3mm 두께로 밀고, 칼을 이용해 자그마한
　　직사각형으로 잘라도 된다.
○　구움색이 진하지 않게 구워야 식감이 부드러워 목넘김이 좋다.

Colonne 7

알자스로렌 지방의 축하용 과자

디저트 천국 알자스로렌 지방에는 다른 지방에서는 볼 수 없는 진귀한 축하용 과자가 있다. 봄의 파크(부활절) 시기에 나오는, 부활절의 어린양이란 뜻을 지닌 아뇨 파스칼(Agneau pascal)(a)은 알자스어로 라믈레(Lammele)이라고 한다. 이외에도 다양한 이름이 있는데, 둘로 나뉘는 도기 틀을 사용해 스펀지케이크와 비슷한 반죽으로 만든다. 마무리로 슈거파우더를 뿌리는데, 순백의 슈거파우더를 두른 그 모습은 어린양 그 자체다. 부활절 시즌에 아침으로 먹는다.

알자스로렌 및 북프랑스 등에서는 노엘(크리스마스) 전에 어린이들을 위한 축일이 있다. 바로 12월 6일, 성 니콜라스의 날이다(→P64). 성 니콜라스는 어린이의 수호성인으로, 흰 수염을 기르고 빨간 모자와 옷을 입고 있기에 산타클로스의 원형이 아니냐는 의견도 있다. 이 시기에 알자스 북쪽(중심 도시는 스트라스부르)에서는 마넬레(Mannele), 알자스 남쪽(중심 도시는 뮐루즈)에서는 마나라(Mannala)라 불리는 사람 모양을 한 브리오슈 반죽의 빵(b)을 굽는다. 이외에도 명칭은 여럿 있다. 성 니콜라스의 날에는 이 빵을 핫초콜릿(코코아), 클레멘타인(→P207)과 함께 즐기는 것이 전통이다. 성 니콜라스의 모습을 한 평평한 팽 데피스(→P65)도 이 시기에서만 볼 수 있는 과자다.

a

b

프랑스에서 가장 매력적인 크리스마스는 아마 알자스이지 않을까? 크리스마스 마켓(c)도 독일 문화의 영향을 크게 받은 이 주변에서 시작되었다고 한다. 크리스마스 마켓에서 다양한 모양과 맛의 쿠키 브레델(Bredele)(d)이 판매된다. 알자스에서는 '브레델 없는 크리스마스도 없다'라는 말이 있을 정도로, 먹을 뿐만 아니라 크리스마스트리에도 장식한다고 한다. 브레델은 별 모양으로 찍는 쿠키와 짜는 쿠키 등 그것만으로도 한 권의 책을 만들 수 있을 만큼 종류가 많은데 사실 팽 다니스(→P155)도 그중 하나다. 쿠키 크기의 새김 틀을 사용해 굽는 것이 일반적이지만, 다양한 크기와 모양의 틀이 있다(e). 알자스의 전통적인 크리스마스 케이크 베라베카(→P158)는 건과일과 견과류를 굳힌 듯한 반달 모양 과자다. 건과일도 일반적인 것 이외에 얇게 저며 말린 서양배와 사과, 복숭아 등이 들어간다. 알자스 사람들은 겨울의 소중한 축제인 크리스마스를 위해 수확한 제철 과일을 조리하여 보관해두었다가 이것을 모아 베라베카라는 달콤한 만찬을 마련했으리라. 그 모습을 상상하자니 절로 미소 짓게 된다.

c

d

e

157

베라베카
Berawecka / Beerawecka
별칭 / 휘츨브로트(Hützelbròt) 등등

건과일과 견과류를 굳힌 과자

◇카테고리: 발효 과자
◇상황: 디저트, 아페리티프, 축하용 과자   ◇지역: 알자스 지방
◇구성: 밀가루+버터+달걀+설탕+건과일+견과류+스파이스

　　베라베카는 알자스 지방 이외에도 남독일,
오스트리아, 스위스 등에서 먹는 크리스마스 과
자다(→P64, 157). 베라는 '서양배', 베카는 '작은
빵 또는 케이크'라는 뜻으로, 명칭과 철자가 몇
가지나 있다. 이 이름이 나타내는 대로 말린 서
양배를 중심으로 다양한 건과일(사과, 복숭아, 무
화과 등)과 견과류가 들어간다. 이를 슈납스(증류
주) 혹은 키르슈에 적신 후 발효 반죽에 넣어 잘
섞는다. 이 책에서는 고유의 맛은 그대로 표현
하면서도 간편하게 만들 수 있도록 베이킹파우
더를 사용한 레시피를 소개한다.

* 시나몬 가루, 클로브 가루, 육두구 가루를 믹스한 것

베라베카 (20×6×높이 5㎝ 2개 분량)

재료
건무화과(부드러운 것)…100g　　무염 버터(실온 상태)…50g
건포도…100g　　　　　　　　　설탕…20g
건자두(씨 없는 부드러운 것)　　달걀…1개
　…50g　　　　　　　　　　　람…1큰술
박력분…80g　　　　　　　　　통아몬드(로스트)…70g
베이킹파우더…1/3작은술　　　호두…30g
시나몬 가루…1/2작은술
올 스파이스 가루*…1/4작은술

만드는 법
1　건과일류를 뜨거운 물에 10분 담가 부드러워지면
　물기를 짠다. 무화과와 자두는 반으로 자른다.
2　가루류(박력분~올 스파이스)를 합쳐 잘 섞는다.
3　볼에 버터를 넣고 거품기로 부드러워질 때까지 섞는다.
4　3에 설탕, 달걀을 순서대로 넣으면서 잘 섞는다.
5　다른 볼에 1과 람을 넣고 손으로 잘 버무린다.
6　4에 견과류와 5를 넣어 고무 주걱으로 섞는다.
7　6에 2를 체로 쳐서 넣고 날가루가 보이지 않을 때까지
　자르듯이 섞는다.
8　유산지를 깐 오븐 팬에 7을 둘로 나누어 올린다. 고무
　주걱으로 누르면서 반달 모양으로 성형한다.
9　180℃로 예열한 오븐에서 30분 굽는다.

가토 오 쇼콜라 드 낭시

Gâteau au chocolat de Nancy

아몬드가 들어간 촉촉한 초콜릿 케이크

◇카테고리: 초콜릿 과자
◇상황: 디저트, 티타임, 간식   ◇지역: 로렌 지방
◇구성: 버터＋달걀＋설탕＋초콜릿＋아몬드 가루

　　로렌 지방의 중심 도시 낭시의 초콜릿 케이크다. 사학자 에르네스토 오리코스트 드 라 자르크가 1890년에 저술한《메시나 요리(La Cuisine Messine)》초판에서는 그냥 초콜릿 케이크 레시피를 소개하고 있다. 하지만 2쇄에서는 같은 레시피에 '낭시의'라는 문구를 추가했다. 그리고 로렌 도시의 메시나 초콜릿 케이크도 추가로 실었다. 그에 따르면 낭시의 케이크는 가루를 소량만 쓰는, 아몬드와 초콜릿의 카트르카르풍이며, 메시나 케이크는 잘게 썬 초콜릿을 넣은 스펀지풍이라고 한다.

가토 오 쇼콜라 드 낭시
(지름 18㎝ 원형 틀 1개 분량)

재료

다크 초콜릿…150g	아몬드 가루…80g
무염 버터…150g	옥수수 전분…1큰술
달걀…3개	코코아파우더(무가당)
설탕…80g	…2큰술＋적당량

만드는 법

1 틀에 버터(분량 외)를 얇게 바른다.
2 초콜릿은 잘게 썰고 버터는 2㎝ 크기로 썬다.
3 볼에 2를 넣고 바닥을 중탕하면서 녹인다.
4 달걀은 노른자와 흰자로 분리해, 노른자는 3에 넣어 거품기로 잘 섞는다. 흰자는 다른 볼에 넣는다.
5 4의 초콜릿이 든 볼에 설탕 반 분량, 아몬드 가루, 옥수수 전분, 코코아 2큰술을 순서대로 넣으면서 잘 섞는다.
6 4의 흰자를 거품기로 뽀얗게 될 때까지 거품을 낸다. 남은 설탕을 넣어 뿔이 단단하게 서는 정도가 될 때까지 휘핑한다.
7 5에 6의 1/3을 넣고, 거품기로 고루 섞는다. 그다음 남은 6을 두 번에 나누어 넣고, 고무 주걱으로 거품이 꺼지지 않도록 재빨리 섞는다.
8 1에 7을 붓고 뜨거운 물을 부은 오븐 팬에 올려 180℃로 예열한 오븐에서 40~45분 중탕해서 굽는다.
9 한 김 식으면 틀에서 꺼내 완전히 식힌 후에 코코아를 뿌린다.

비스퀴 로제 드 랭스
Biscuits roses de Reims

옅은 분홍색의 핑거 비스킷

◇카테고리: 구움과자   ◇상황: 티타임, 아페리티프
◇지역: 샹파뉴아르덴 지방   ◇구성: 가루류＋달걀＋설탕

옅은 분홍색을 띠는 이 구움과자는 샹파뉴 지방의 중심 도시인 랭스의 유명한 과자다. 랭스는 프랑스가 왕정이었던 시절, 역대 프랑스 국왕이 대관식을 행했던 노트르담대성당이 있는 곳으로도 유명하다.

이 이름난 과자의 역사는 1690년대로 거슬러 올라간다. 한 빵집 주인이 빵을 구운 후 가마의 여열로 무언가 만들 수 있는 게 없을까 고민했다. 그러다 한 번 구웠던 반죽을 다시 가마의 여열로 구우면 식감이 바삭바삭해짐을 떠올렸다. 비스퀴(Biscuit)라는 단어도 여기에서 파생했는데, '두 번(Bis)'과 '구웠다(Cuit)'가 합쳐진 복합어다. 물론 처음에는 자연스러운 구움색이 났지만, 점차 천연착색료인 코치닐 색소를 사용해 분홍색으로 물들이게 되었다.

비스퀴 로제 드 랭스의 대명사는 랭스에 본점을 차린 '메종 포시에(Maison Fossier)'다. 1756년에 창업한 오래된 가게로, 1775년 루이 16세의 대관식이 이루어졌을 때 이 비스킷이 헌정되어 왕실에 납품하는 가게가 되었다고 한다.

이 과자는 샴페인에 적셔 먹는데 와인도 괜찮다. 그 사랑스러운 분홍빛을 강점으로 살려 샤를로트(→P112)나 티라미수에 사용되거나, 가루로 만들어서 토핑하는 등 개성을 더하는 제과 재료로도 활용되고 있다.

1인분의 작은 샤를로트를 만들 때 편리한 작은 비스퀴 로제 드 랭스

비스퀴 로제 드 랭스 (8.5cm×4cm 직사각형 틀 약 20개 분량)

재료
박력분…100g
옥수수 전분…30g
달걀…2개
설탕…100g
물…1작은술
식용색소(붉은색)…귀이개 3개 분량
바닐라 에센스…몇 방울
슈거파우더…적당량

만드는 법
1. 피닝시에 틀에 버터(분량 외)를 얇게 바르고 박력분(분량 외)을 뿌린다.
2. 박력분과 옥수수 전분을 합쳐 잘 섞는다.
3. 볼에 달걀을 넣고 거품기로 잘 풀어준다.
4. 3에 설탕을 넣고 볼 바닥을 중탕하면서 뽀얗고 걸쭉하게 떨어지는 정도가 될 때까지 휘핑한다.
5. 4에 물로 푼 식용색소, 바닐라 에센스를 넣어 색이 균일하게 될 때까지 섞는다.
6. 5에 2를 체로 쳐서 넣고, 날가루가 보이지 않을 때까지 고무 주걱으로 자르듯이 섞는다. 지름 1cm인 원형 모양 깍지를 끼운 짤주머니에 채운다.
7. 1의 틀에 절반 높이까지 6을 짜내고 반죽 전체에 슈거파우더를 뿌려 180℃로 예열한 오븐에서 15분 굽는다.

고프르
Gaufres

이스트로 발효시킨 반죽으로 만든 와플

◇카테고리: 발효 과자   ◇상황: 디저트, 티타임, 간식
◇지역: 노르파드칼레   ◇구성: 밀가루+버터+달걀+설탕+우유

와플은 플랑드르(→P148)의 향토 과자다. 플랑드르에는 북프랑스, 벨기에와 네덜란드 일부가 포함되어 있었다. 와플은 네덜란드어 발음으로, 프랑스어로는 고프르라고 한다. 북프랑스에 가면 얇고 부드러운 반죽에 크림을 끼운 것 등 독특한 고프르를 만날 수 있다.

중세 무렵부터 먹었다고 하는 우블리(Oublie)가 원형이라 하며, 이를 만드는 사람을 우블루아예(Oubloyer), 오래전에는 오블루아예(Obloyer)라 불렀다. 15세기 중반, 파리에는 29명의 우블루아예가 있었다. 정제하지 않은 가루, 물, 소금으로 만든 우블리를 서민들은 기뻐하며 먹었고, 유복한 사람에게는 달걀이나 설탕 혹은 꿀, 우유를 사용한 것을 배달했다고 한다. 샤를 9세 시대가 되자 파리 이곳저곳에 노점이 들어서게 되었는데 이때 노점들 사이의 거리를 정하는 법률까지 생겼다고 한다. 고프르를 무척 좋아했다고 하는 프랑수아 1세는 문장(紋章), 전설의 동물 샐러맨더, 왕가의 이니셜을 넣은, 은으로 만든 틀을 특별히 만들었다고 한다. 그로부터 약 백 년 후, 라 바렌(→P235)이 1653년에 출간한 《프랑스의 제과 장인》에는 맥주 효모를 사용한 고프르의 레시피가 실려 있다. 1751년에 출간한 《르 카나멜리스트 프랑세(Le Cannaméliste Français→P234)》에는 고프르가 플랑드르의 향토 과자이며, 작고 네모나고 울퉁불퉁한 고프르 틀을 사용해서 굽는다는 내용이 적혀 있다고 한다.

고프르 (8개 분량)

재료
우유…150㎖
무염 버터…30g
강력분…125g
인스턴트 드라이이스트…3g
달걀…1개
설탕…30g
소금…1꼬집

녹인 버터…적당량

만드는 법
1 작은 냄비에 우유를 넣고 중불에 올려 끓기 직전까지 데운다.
2 1에 버터를 넣고 완전히 녹을 때까지 고무 주걱으로 잘 섞는다. 다 녹지 않으면 다시 냄비를 불에 올린다.
3 볼에 강력분을 체로 쳐서 넣고 중앙을 우묵하게 만든다. 여기에 이스트, 달걀, 설탕, 소금을 넣고 거품기로 가볍게 섞는다.
4 3에 2를 조금씩 넣으면서 잘 섞는다.
5 4에 랩을 씌워 30~40℃ 장소에(혹은 오븐 발효 기능을 사용해서) 1시간 둔다.
6 와플 기계를 가스 위에 올리고, 뜨거워지면 녹인 버터를 바른다.
7 6에 국자로 5의 1/8을 넣고 양면이 바삭하고 구움색이 날 때까지 굽는다.
8 만드는 법 6, 7을 반복한다.

o 취향에 따라 슈거파우더, 거품을 낸 생크림, 잼, 과일 등을 올려도 좋다.

크라미크
Cramique / Kramiek

은은하게 달콤한 브리오슈 반죽의 빵

◇카테고리: 발효 과자　◇상황: 조식, 티타임, 간식
◇지역: 노르파드칼레 지방　◇구성: 밀가루＋버터＋달걀＋설탕＋우유＋건포도＋우박설탕

크라미크는 고프르(→P162)와 마찬가지로 북프랑스와 벨기에 등 플랑드르(→P148)에서 먹던 향토 과자다. 그 존재를 알게 된 것은 북프랑스 릴에 본점을 두고 있는 빵집 '폴(Paul)'에서였다. 지금도 폴에서는 설탕과 건포도의 크라미크 브리오슈(Brioche cramique sucre raisins)라는 이름으로 팔고 있으며, 진주 크기의 백설탕 덩어리인 우박 설탕과 건포도가 들어간 일그러진 타원형이다. 북프랑스와 벨기에에서는 식빵 틀로 굽는 것도 많이 볼 수 있지만, 커런츠(건포도의 한 종류) 사용하는 것이 전통적

이라 한다. 이 빵이 북프랑스에 나타난 것은 18세기로, 그 이전에는 존재하지 않았던 듯하다. 크라미크의 원형은 14세기의 샹파뉴 지방(→P148)에서 만들어졌다는 설이 있는데, 그것은 크라미슈(Cramiche)라 불리는 흰색 빵이었다.

폴의 크라미크. 건포도 대신 초콜릿 칩을 사용한 것도 있다.

크라미크 (17.5×8×6㎝ 파운드 틀 1개 분량)

재료	만드는 법
건포도…50g	1　틀에 버터(분량 외)를 얇게 바르고 강력분(분량 외)을 뿌린다.
럼…1큰술	2　건포도를 뜨거운 물에 10분 불리고 부드러워지면 물기를 짜고 럼을 뿌린다.
우유…65㎖	3　작은 냄비에 우유를 넣고 중불에 올려 끓기 직전까지 데운다. 1큰술(15㎖)만 작은
무염 버터…30g	용기에 덜어둔다.
인스턴트 드라이이스트…3g	4　3의 남은 우유에 버터를 넣고 완전히 녹을 때까지 고무 주걱으로 잘 섞는다.
강력분…190g	다 녹지 않으면 냄비를 다시 불에 올린다.
설탕…20g	5　3의 우유 1큰술이 사람 피부 온도(30~40℃)가 되면 이스트를 넣어 가볍게 섞고
달걀…1개	5분 둔다.
소금…1/4작은술	6　볼에 강력분 170g, 설탕, 5를 넣고 손으로 가볍게 섞는다.
우박설탕…30g	7　6에 달걀, 4를 순서대로 넣으면서 잘 치댄다. 어느 정도 반죽이 손에 달라붙지
	않게 되면 5분간 치댄다.
달걀…적당량	8　7에 남은 강력분을 넣고 5분 치댄다. 소금을 넣고 5분 더 치댄다.
	9　8을 랩으로 싸서 30~40℃인 장소에(혹은 오븐 발효 기능을 사용해서) 1시간
	휴지시킨다.
	10　9가 2~3배 정도로 부풀면 반죽을 주먹으로 눌러 가스를 빼고 그대로 10분 둔다.
	11　10에 2와 우박설탕를 넣고 전체에 고루 퍼지게끔 반죽한다.
	12　1에 11을 넣고 랩을 씌워 30~40℃인 장소에(혹은 오븐 발효 기능을 사용해서) 40분
	휴지시킨다.
	13　표면에 달걀 푼 것을 바르고 180℃로 예열한 오븐에서 40분 굽는다.

타르트 오 쉬크르

Tarte au sucre

감칠맛 나는 설탕이 주인공

◇카테고리: 타르트
◇상황: 디저트, 티타임　◇지역: 노르파드칼레 지방
◇구성: 파이 반죽＋달걀＋설탕＋생크림

　'설탕 타르트'라는 뜻으로, 북프랑스의 특산품인 첨채(사탕무, 비트)로 만드는 베르주아즈(조당 →P167)를 사용한다는 특징이 있다. 보통 브리오슈 반죽을 사용하지만, 이 책에서는 반죽형 파이 반죽을 사용한 레시피를 실었다. 18세기 후반, 북프랑스에서는 축하 자리에 타르트 오 쉬크르가 빠지는 일은 없었다고 한다. 혁명기 때, 북프랑스에는 12곳의 제당 공장이 있었는데, 릴에서 가장 오래된 곳은 1680년(1690년 설도 있음)에 창업했다고 한다.

타르트 오 쉬크르 (지름 21~23㎝ 1개 분량)

재료

반죽형 파이 반죽	필링
무염 버터…70g	달걀…1개
박력분…150g	베르주아즈…80g
소금…1/2작은술	생크림…2큰술
설탕…1큰술	
식용유…1/2큰술	
찬물…1~3큰술	

만드는 법

1　반죽형 파이 반죽을 만든다(→P225).
2　1을 밀대로 지름 27㎝의 원형이 되도록 밀고, 가장자리를 약 1㎝ 정도로 두 번 접어 높이를 만든다. 가장자리에 포크로 비스듬하게 무늬를 찍고 반죽 전체에 구멍을 내고 냉장고에 15분 넣어둔다.
3　유산지를 깐 오븐 팬에 2를 올리고, 반죽에도 유산지를 덮어 누름돌을 채운다. 220℃로 예열한 오븐에서 15분 굽는다.
4　필링을 만든다. 볼에 달걀을 넣어 잘 풀어주고 베르주아즈를 넣고 거품기로 잘 섞는다.
5　4에 생크림을 넣고 섞는다.
6　3에 5를 붓고 200℃로 낮춘 오븐에서 15분 굽는다.

◦ 베르주아즈가 없다면 흑설탕이나 황설탕을 사용해도 된다.

Colonne 8
◆◆◆
프랑스 설탕에 대하여

프랑스 설탕은 색으로 나눌 때와 원료로 나눌 때 그 이름도 바뀐다.

쉬크르 블랑(Sucre blanc)
백설탕

쉬크르 스물(Sucre semoule)
쉬크르 앙 푸드르(Sucre en poudre)
가장 보편적인 백설탕으로 '쉬크르 블랑'이라고 불리기도 한다. 그래뉴당보다 입자가 곱고 보슬보슬하다. 일반 가정집에서도 사용하며, 다양한 과자에 쓰인다.

쉬크르 크리스탈리제(Sucre cristallisé)
프랑스판 그래뉴당. 한국의 설탕보다 입자가 크고 사블레나 파트 드 프뤼이(과즙을 펙틴으로 굳힌 젤리)에 뿌리기도 한다.

쉬크르 글라스(Sucre glace)
슈거파우더. 아이싱이나 케이크 장식 등에 사용한다. '분말 형태의 설탕'을 뜻하는 쉬크레 앙 푸드르(Sucre en poudre)는 슈거파우더와 착각하는 경우가 많다.

쉬크르 농 라피네(Sucre non raffiné)
미정제당, 조당

쉬크르 콩플레(Sucre complet)
원래 의미는 '100% 미정제당'. 다크 브라운 설탕.

쉬크르 브룅(Sucre brun)
원래 의미는 '갈색 설탕', 브라운 슈거.

쉬크르 루(Sucre roux)
원래 의미는 '갈색 설탕', 브라운 슈거. roux는 brun보다 붉은빛이 도는 갈색이다.

쉬크르 블롱(Sucre blond)
원래 의미는 '금색 설탕', 라이트 브라운 슈거.

쉬크르 드 칸(Sucre de canne)
사탕수수로 만들어지는 설탕의 총칭

카소나드(Cassonade)
한국에서도 같은 이름으로 알려져 있다. 크렘 브륄레(→P96) 표면을 캐러멜화시킬 때 잘 쓰이는 설탕이다. 프랑스 과자에는 백설탕 다음으로 활용도가 높다. 프랑스 내에서도 의외로 잘 알려져 있지 않지만, 카소나드는 사탕수수로 만든 정제당을 나중에 갈색으로 착색한 것이다. 백설탕에 캐러멜로 색을 입힌 삼온당 설탕(한국에서는 흑설탕으로 대체 가능) 같은 것이다.
쉬크르 루와 쉬크르 블롱은 사탕수수가 원재료인 경우, 카소나드와 동의어로 쓰일 때가 있다. 미정제 사탕수수의 라이트 브라운 슈거(Sucre de canne blond non raffiné)처럼 농 라피네(Non raffiné)라고 적혀 있지 않은 이상 색이 있는 설탕이더라도 정제당일 수 있다.

베르주아즈(vergeoise)
첨채(사탕무, 비트)로 만들어지는 조당

북프랑스에서 재배가 활발한 첨채당. 한국에서도 '베르주아즈', '조당'으로 알려져 있다. 설탕 그 자체에 감칠맛과 향이 있고 촉촉하기에 이 특징을 최대한 살려서 사용한다. 타르트 오 쉬크르(→P166), 두 장을 겹친 얇은 고프르에 채우는 크림, 스페퀼로스(벨기에의 스파이스 쿠키) 반죽 등에 사용한다. 라이트 베르주아즈 블롱(vergeoise blonde)과 다크 베르주아즈 브룅(Vergeoise brune)이 있다.

왼쪽부터 쉬크르 스물, 카소나드, 베르주아즈 브룅

다르투아

Dartois

별칭 / 가토 아 라 마농(Gâteau à la Manon)

필링 종류가 풍부한 직사각형 파이

◇카테고리: 파이 과자　◇상황: 디저트, 티타임
◇지역: 노르파드칼레 지방　◇구성: 파이 반죽+잼+사과

　다르투아라는 이름은 18~19세기의 극작가 아르망 다르투아(Armand d'Artois)에게 경의를 표하기 위해 붙여졌다는 설과 이 디저트가 탄생한 것이 옛 아르투아 지방이기 때문이라는 두 개의 설이 있다. 우연하게도 다르투아가 태어난 곳도 옛 아르투아 지방이라고 한다. 다만 작곡가 쥘 마스네가 이 디저트를 좋아해서, 1884년에 파리에서 초연한 오페라 〈마농〉에서 딴 가토 아 라 마농이라 불렸다고도 한다. 초기의 모습은 폭이 손가락 2개, 길이가 손가락 5~6개 정도인 평행사변형이었다고 하니 두세 입이면 다 먹을 수 있는 작은 파이였으리라.

　지금의 다르투아는 접이형 파이 반죽(→P224) 두 장에 달콤한 필링 혹은 짭짤한 필링을 채운다. 달콤한 쪽은 디저트나 티타임에, 짭짤한 쪽은 전채 요리로서 제공된다.

　달콤한 쪽은 사과나 아몬드 크림(혹은 프랑지판 크림→P228)을 사용한 것이 많지만, 전통적인 다르투아에는 레드 커런트의 줄레나 아몬드 크림을 넣었다고 한다. 이 책에서는 살짝 변형시켜 레드 커런트 잼으로 버무린 사과를 필링으로 사용했다.

노르망디 제과점의 다르투아.
왼쪽은 서양배와 아몬드 크림,
오른쪽은 사과와 아몬드 크림
이 들어 있다

다르투아 (22×10㎝ 직사각형　1개 분량)

재료

접이형 파이 반죽
　데트랑프
　　무염 버터…30g
　　강력분…75g
　　박력분…75g
　　소금…4g
　　찬물…80㎖
　무염 버터(실온 상태)…130g

사과…1/2개
레몬즙…1큰술
레드 커런트 잼…100g

만드는 법

1　접이형 파이 반죽을 만들고(→P224), 그 1/2을 사용한다.
2　1을 밀대로 3㎜ 두께로 밀고, 22㎝×10㎝ 정도의 직사각형이 두 장 되도록 자른다. 반죽 전체에 포크로 꾹꾹 찍어 구멍을 내고 냉장고에 넣는다.
3　사과는 껍질과 심을 제거하고 5㎜ 두께로 부채꼴로 썬다. 전체에 레몬즙을 뿌린다.
4　볼에 잼을 넣고 고무 주걱으로 섞어서 부드럽게 푼다. 3을 넣어 묻힌다.
5　유산지를 깐 오븐 팬에 2의 한 장을 올린다. 중앙에 4를 펼치고 가장자리 1㎝ 부분에 솔로 물(분량 외)을 바른다.
6　2의 또 다른 장에는 칼로 폭 1㎝의 칼집을 낸다. 5 위에 올려 사방을 가볍게 눌러 단단히 꼬집어 준다. 가장자리를 포크로 한 번 더 눌러준다.
7　220℃로 예열한 오븐에서 약 40분 굽는다.

○ 광택을 내기 위해 반죽 표면에 달걀 푼 것을 발라서 구워도 좋다.
○ 남은 1/2 분량의 접이형 파이 반죽은 냉동실에서 한 달 보관할 수 있다.
○ 레드 커런트 잼이 없다면 라즈베리 잼을 사용해도 된다.

브리오슈

Brioche

달걀과 버터가 한가득, 풍성한 빵

◇카테고리: 발효 과자   ◇상황: 조식, 티타임, 간식, 아페리티프
◇지역: 노르망디 지방   ◇구성: 밀가루+버터+달걀+설탕

브리오슈는 수많은 프랑스 과자에 '브리오슈 반죽'으로 사용되고 있다. 발효 과자인 바바(→P40), 사바랭(→P42), 지방 과자인 쿠글로프(→P152)나 크라미크(→P164)도 바바 반죽이나 사바랭 반죽 등 전용 반죽을 쓰지만, 브리오슈와 비슷한 반죽으로 인식하는 경우가 많다. 프랑스 빵은 가루, 물, 소금, 이스트로 만들어지기 때문에 버터나 달걀이 듬뿍 들어간 브리오슈는 그야말로 '이스트로 만드는 디저트'라 할 수 있다.

브리오슈는 버터를 듬뿍 사용하기 때문에 버터의 질이 맛을 좌우한다. 사실 브리오슈가 탄생한 곳은 버터 산지로 유명한 노르망디 지방이었다고 한다. 이를 뒷받침하는 것이 브리오슈라는 이름이다. Bri는 노르망디어로 '부수다=나무 밀대로 반죽하다'라는 의미인 Brier에서 파생된 단어이며, Oche는 '섞는다'라는 의미인 Hocher에서 파생된 접미어라 한다.

현재, 브리오슈는 프랑스 전국에 퍼져 있다. 남프랑스의 갈레트 데 루아(→P62)와 트로페지엔(→P220)을 포함해 서른 가지 이상의 지역 브리오슈가 존재한다.

브리오슈 (지름 18~20cm 1개 분량)

재료
미지근한 물(30~40℃)…2큰술
인스턴트 드라이이스트…5g
무염 버터…70g
강력분…270g
설탕…50g
달걀…3개
소금…1/2작은술

만드는 법
1 미지근한 물에 이스트를 넣고 가볍게 섞은 후 5분 둔다.
2 작은 내열 용기에 버터를 넣고 전자레인지(600W 내외)로 약 1분 정도 돌려 녹인다.
3 볼에 강력분 250g, 설탕, 1을 넣고 손으로 가볍게 섞는다.
4 3에 달걀을 1개씩 넣으면서 날가루가 보이지 않을 때까지 손으로 반죽한다.
5 4에 소금을 넣고 주걱으로 5분 치댄다.
6 5에 2를 두세 번에 나누어 넣고, 잘 섞는다. 어느 정도 섞이고 난 후 5분 더 치댄다.
7 6에 남은 박력분을 넣고 5분 치댄다.
8 7에 랩을 씌우고 30~40℃ 정도인 장소에(혹은 오븐 발효 기능을 사용해서) 1시간 둔다.
9 8이 2~3배로 부풀면 반죽을 주먹으로 누르면서 가스를 뺀다. 반죽을 돔 모양으로 성형하고 유산지를 깐 오븐 팬 위에 올린다.
10 180℃로 예열한 오븐에서 25~30분 굽는다.

○ 가염버터를 사용할 경우는 소금은 1/4작은술 넣는다.
○ 만드는 법 5는 주걱 끝에 반죽을 붙이고 당기는 동작을 반복하면서 치댄다.
○ 높이가 있는 돔 형태로 하기 위해서는 반죽을 되도록 공 모양으로 한 다음 유산지 위에 올리면 된다.

브루들로
Bourdelot
별칭 / 두용(Douillon)

사과나 서양배를 통째로 감싼 파이

◇카테고리: 파이 과자   ◇상황: 디저트
◇지역: 노르망디 지방   ◇구성: 파이 반죽+버터+설탕+사과+호두+꿀

노르망디 지방은 사과 산지로 유명하다. 사과로 술인 시드르나 칼바도스도 만든다. 과자를 만들 때도 사용되지만, 파이 반죽으로 사과 하나를 통째로 감싸 굽는 통 큰 디저트도 만드는데 바로 브루들로다. 사과 대신에 서양배를 사용할 때는 두용이라고 한다. 이웃 북프랑스에서는 라보트(Rabotte)와 리보슈(Riboche, 파이 반죽 혹은 브리오슈 반죽으로 감쌈)라고 부르기도 한다.

브루들로는 19세기부터 알려졌다고 하는데 반죽으로 사과나 서양배를 통째로 감싸 굽는 단순한 조리법은 훨씬 이전부터 존재했다. 먼

옛날, 노르망디에서는 각 농장에 설치해놓은 오븐에 빵을 굽기 전이나 구운 후의 열을 이용해서 브루들로를 구웠다고 한다. 노르망디는 서양배 산지여서 서양배로 발포주를 만들기도 했기 때문에 사과 대신에 서양배를 쓰는 것도 그리 특별하지 않았을 것이다.

이 책에서는 꿀과 잘게 썬 호두를 채우는 레시피를 소개한다. 오트노르망디(노르망디 동쪽 지역)의 레시피 중에는 먼저 사과를 굽고 중심에 칼바도스로 푼 잼을 채워 파이 반죽으로 감싸 굽는 방법이 있다고 한다. 이건 이것대로 맛있을 듯하다.

브루들로 (3개 분량)

재료
접이형 파이 반죽
  데트랑프
    무염 버터…30g
    강력분…75g
    박력분…75g
    소금…4g
    찬물…80㎖
  무염 버터(실온 상태)…130g

호두…9개
꿀…3큰술
사과…3개(1개 약 250g)
그래뉴당…20g
무염 버터…20g

달걀…적당량

만드는 법
1 접이형 파이 반죽을 만들고(→P224), 랩으로 감싸 냉장고에 넣어둔다.
2 호두는 잘게 썰고 꿀에 버무린다.
3 사과는 껍질을 깎고, 바닥이 통과하게끔 심을 도려낸다. 전체에 그래뉴당을 뿌린다.
4 1을 3등분하고 각각에서 20×20㎝의 정사각형과 나뭇잎 모양 2개를 잘라낸다. 정사각형은 전체를 포크로 꾹꾹 찍어 구멍을 내고 나뭇잎에는 칼로 잎맥을 그린다.
5 4의 정사각형 중앙에 3을 1개 올리고, 사과 구멍에 2의 1/3을 넣고, 버터 1/3을 잘게 잘라 올린 후 꽉 감싼다. 남은 사과도 같은 방법으로 감싼다.
6 유산지를 깐 오븐 팬에 5를 나란히 놓고 표면에 달걀 푼 것을 바르고 나뭇잎을 붙인다. 냉장고에 15분 넣어둔다.
9 6의 표면에 다시 달걀 푼 것을 바르고 220℃로 예열한 오븐에서 30~40분 굽는다.

미를리통 드 루앙
Mirlitons de Rouen

생크림이 든 아몬드 크림 파이

◇카테고리: 파이 과자   ◇상황: 디저트, 티타임, 간식
◇지역: 노르망디 지방   ◇구성: 파이 반죽+아몬드 크림+생크림

디저트 이름에 지명이 붙는 일은 흔히 볼 수 있다. 루앙은 2016년 이전 오트노르망디 지방이던 때에도, 통합된 새로운 노르망디 지방에서도 여전히 중심 도시다. 루앙이라고 하면 모네의 연작 작품 주제로 유명한 루앙 대성당이 있다. 그리고 15세기, 백년전쟁이 한창일 때 잔 다르크가 화형당한 장소로서도 유명하다.

미를리통 드 루앙 (루앙의 미를리통)을 쉽게 말하면 '생크림 넣은 아몬드 크림을 채운 작은 파이'다. 파이 반죽은 접이형 또는 반죽형 파이 반죽을 사용한다. 이 레시피가 문헌에 등장하기 시작한 것은 19세기 이후부터다. 1834년에 르블랑(→P235)이 저서에서 미를리통의 각각 다른 레시피를 인용하고 있는데 '루앙의'라고

는 붙여지는 않았다. 그로부터 몇 년 후에 피에르 라캉(→P235)이 '루앙의 미를리통'으로 소개했다. 라캉에 따르면 미를리통은 루앙뿐만 아니라 노르망디 전역에서 만들어지는 디저트라고 한다. 파리에서는 버터를 넉넉하게 넣거나 살구를 넣는 등 새롭게 구성하여 만들지만, 라캉은 질 좋은 루앙산 생크림을 사용한 미를리통보다 맛있는 미를리통은 없다고 단언한다.

미를리통 드 루앙이라고 손글씨로 쓴 루앙의 제과점

미를리통 드 루앙 (지름 7㎝ 머핀 틀 10개 분량)

재료	만드는 법
반죽형 파이 반죽 무염 버터…70g 박력분…150g 소금…1/2작은술 설탕…1큰술 식용유…1/2큰술 찬물…1~3큰술 **필링** 무염 버터…50g 설탕…70g 달걀…1개 아몬드 가루…50g 생크림…100㎖ 슈거파우더…적당량	1 반죽형 파이 반죽을 만든다(…→P225). 2 1을 밀대로 4㎜ 두께로 밀고, 지름 8㎝ 꽃 모양 틀로 10장을 찍어낸다. 반죽 전체를 포크로 꾹꾹 찍어 구멍을 내고 틀에 넣어 냉장고에 15분 넣어둔다. 3 필링을 만든다. 볼에 버터를 넣고 거품기로 부드러워질 때까지 푼다. 4 3에 설탕을 조금씩 넣으면서 뽀얗고 폭신해질 때까지 거품을 낸다. 5 4에 달걀, 아몬드 가루, 생크림을 순서대로 넣으면서 잘 섞는다. 6 2에 5를 채워 200℃로 예열한 오븐에서 20~25분 굽는다. 7 한 김 식으면 틀에서 빼내고 완전히 식힌 후에 슈거파우더를 뿌린다. ○ 일반적인 미를리통 드 루앙은 파이 반죽을 주름 틀로 찍어낸다. ○ 만드는 법 5의 마지막에 오렌지 플라워 워터를 1~2큰술 넣어도 좋다. ○ 만드는 법 6에서 필링을 채우기 전에 반죽 바닥에 좋아하는 잼을 1작은술 넣어도 좋다.

트르굴
Teurgoule

저온에서 천천히 구운 라이스 푸딩

◇카테고리: 곡물 과자 ◇상황: 디저트
◇지역: 노르망디 지방 ◇구성: 설탕+우유+쌀

트르굴은 '노르망디풍 리 오 레(쌀 우유죽 →P104)'라고나 할까. 쌀, 우유, 설탕, 시나몬을 넣어 저온(130-150℃)의 오븐에서 장시간(5-6시간) 굽는다. 다 구워질 즈음에는 표면에 캐러멜색 막이 생기고 그 밑에는 촉촉하게 익어 은은하게 캐러멜 맛이 나는 죽이 나타난다. 시나몬도 기분 좋은 개성이 되어 지금까지 먹은 적 없는 그 맛에 놀라게 된다. 옛날에는 빵 가마의 불을 끈 후의 여열을 활용해 구웠다고 한다.

노르망디 지방은 쌀 산지가 아니기에 의아하게 생각하는 사람도 있겠지만, 이 디저트가 탄생한 비하인드는 대략 이렇다. 루이 15세로부터 바스노르망디(노르망디의 서쪽)의 도시인 칸을 통치하도록 명을 받은 프랑수아 장 오루소 드 퐁테트라는 인물이 있었다. 퐁테트는 노르망디의 한 지역인 페이 도주를 덮친 기근으로부터 민중을 구하기 위해 쌀과 스파이스를

수입했다고 한다. 같은 지방인 옹플뢰르 마을 항구를 통해 노르망디로 들어왔다. 당시 노르망디에서는 쌀이란 곡물이 거의 알려지지 않았기 때문에 먹는 법조차 몰랐다. 그래서 노르망디 사람들은 그들에게 친숙한 우유로 삶는 법을 떠올렸고, 점차 디저트로 먹게끔 되었다고 한다.

이 디저트를 만드는 그릇도 독특한데, 한쪽에 주둥이가 있는 넓은 양동이 같은 모양을 한 도기다. 큰 것은 우유가 6~8L는 들어간다. 옛날, 노르망디에서는 이 그릇에 갓 짠 우유를 잠시 넣어두었다. 그러자 우유 위로 생크림이 생겨 이를 건져내고, 남은 우유에 쌀과 설탕을 넣고 트르굴을 만들었다고 한다. 이 그릇은 '테린'이라 불렸기 때문에 트르굴을 테린네(Terrinée)라고 부르기도 했다.

트르굴 (만들기 쉬운 분량 4인분)

재료	만드는 법
쌀…70g 우유…500㎖ 설탕…50g 소금…1꼬집 시나몬 가루…1/4작은술	1 쌀은 가볍게 씻어 체에 받친다. 2 냄비에 우유를 넣고 중불에 올려 끓기 직전에 1, 설탕, 소금, 시나몬을 넣고 고무 주걱으로 가볍게 섞는다. 3 2가 가볍게 끓으면 내열 용기에 붓는다. 4 130℃로 예열한 오븐에서 4~5시간 굽는다.

가토 브르통
Gâteau breton

케이크와 쿠키의 중간 정도의 식감

◇카테고리: 케이크 ◇상황: 디저트, 티타임, 간식
◇지역: 브르타뉴 지방 ◇구성: 밀가루＋버터＋달걀노른자＋설탕

가토 브르통(브르타뉴풍 케이크)은 브르타뉴답게 가염버터, 달걀노른자, 설탕, 밀가루를 사용한 오래 두고 먹을 수 있는 디저트다. 마찬가지로 가염버터를 사용한 브르타뉴 구움과자로 팔레 브르통(Palet breton)과 갈레트 브르톤(Galette bretonne)도 있지만, 모두 자그마한 쿠키 크기다. 팔레는 두껍고, 갈레트는 얇다(보통 쿠키 정도의 두께)는 차이점이 있다.

가토 브르통이 탄생한 것은 19세기 후반의 모르비앙주(브르타뉴의 남쪽)에 있는 로리앙 마을에서였다. 스위스에서 온 쿠르셀이라는 제과 장인이 폴 루이(로리앙에 있는 곳) 출신의 여인과 결혼했다. 후에 그(그의 아들이라는 설도 있음)는 파리 만국박람회에 자체 제작한 로리앙풍 케이크, 가토 로리앙테(Gâteau lorientais)를

드라이 케이크 부문에 출품해 최우수상을 받았다. 이 케이크야말로 현재의 가토 브르통이다. 고향으로 돌아와 가토 브르통을 팔자 날개 돋친 듯 팔려나갔다고 한다. 오래 두고 먹을 수 있기 때문에 선원이 배 위에서 먹는 보존식품으로도 인기가 있었다. 보존성을 더욱 높이기 위해 안젤리카(→P231)나 베르가모트를 넣어 만들기도 했다. 다만 언제부터 이 과자가 '가토 브르통'으로 불리게 됐는지는 명확하지 않다.

왼쪽이 갈레트 브르톤, 오른쪽이 팔레 브르통

가토 브르통 (지름 18cm 원형 틀 1개 분량)

재료	만드는 법
가염버터(실온 상태)…125g 설탕…100g 달걀노른자(실온 상태)…3개 분량 박력분…180g 달걀노른자…적당량	1 틀에 버터(분량 외)를 얇게 바른다. 2 볼에 버터를 넣고 거품기로 부드러워질 때까지 섞는다. 3 2에 설탕을 조금씩 넣으면서 뽀얗고 폭신해질 때까지 거품을 낸다. 4 3에 달걀노른자를 1개씩 넣으면서 잘 섞는다. 5 4에 박력분을 체로 쳐서 넣고 날가루가 보이지 않을 때까지 고무 주걱으로 자르듯이 섞는다. 6 5를 한 덩어리로 뭉치고 랩으로 싸서 냉장고에 2시간 넣어둔다. 7 6을 밀대로 지름 18cm보다 살짝 작은 원형이 되도록 민다. 8 7의 표면에 달걀노른자 푼 것을 바르고 실온에 30분 둔다. 9 8의 표면에 다시 달걀노른자를 바르고 포크로 무늬를 낸 뒤 1에 넣는다. 10 180℃로 예열한 오븐에서 20분, 150℃로 낮추어 30분 굽는다. ○ 원래는 가루 안에 작게 자른 버터와 설탕, 달걀을 넣어 손으로 섞지만, 여기서는 손을 더럽히지 않고 만드는 방법을 소개했다.

퀴니아망
Kouign-amann

브르타뉴의 언어로 '버터케이크'라는 의미

◇카테고리: 발효 과자 ◇상황: 조식, 디저트, 티타임, 간식
◇지역: 브르타뉴 지방 ◇구성: 밀가루+버터+설탕

달면서도 짠맛이 도는 어딘가 정겨운 퀴니아망은 1860년, 브르타뉴 지방의 가장 서쪽에 위치한 피니스테르주의 두아르느네즈에서 탄생했다고 한다. 파리에서는 작게 구워 비에누아즈리(페이스트리)로 팔고 있지만, 브르타뉴에서는 큼직하게 구운 것이 더 많다.

퀴니아망의 탄생에는 여러 가지 설이 있지만 유력한 것은 다음 두 가지로 좁힐 수 있다. 브르타뉴에서 빵집을 운영하던 이브르네 스코르디아라는 사람이 있었다. 어느 날 가게에 손님이 몰려 준비한 빵이 거의 다 소진되어 스코르디아는 즉흥적으로 뭔가를 만들어야만 했

다. 빵 반죽, 버터, 설탕이 있었기 때문에 파이 반죽 레시피를 응용해 빵 반죽에 버터와 설탕을 넣어 구웠는데 이것이 퀴니아망이라는 것이다. 또 다른 하나 역시 스코르디아가 주인공으로, 빵 반죽에 실패하고 말았는데 당시 밀가루가 부족했기 때문에 버리는 건 아깝다고 생각해 대량으로 사두었던 버터와 설탕을 넣어 구웠다는 설이다. 그렇지만 프로이센·프랑스 전쟁이 시작된 해가 1870년이므로 1860년에 밀가루가 부족했다고 생각하기는 어렵다. 프랑스를 대표하는 과자지만, 북유럽에서 들어왔다는 설도 있다.

퀴니아망 (지름 18㎝ 망케 틀 1개 분량)

재료

데트랑프
| 강력분…200g
| 소금…1/4작은술
| 물…130~140㎖
| 인스턴트 드라이이스트…4g

가염버터(실온 상태)…150g
그래뉴당…150g

만드는 법

1 틀에 버터(분량 외)를 얇게 바른다.
2 데트랑프를 만든다. 볼에 강력분과 소금을 체로 쳐서 넣고 중앙을 우묵하게 만든다.
3 2의 우묵한 곳에 물과 이스트를 넣고 이스트를 녹이듯이 손으로 섞으면서 한 덩어리로 뭉친다. 랩으로 싸서 냉장고에 1시간 넣어둔다.
4 다른 볼에 버터를 넣고 거품기로 부드러워질 때까지 섞는다.
5 4에 그래뉴당을 넣고 고무 주걱으로 가볍게 섞는다. 랩을 펼쳐 10~15㎝ 정도의 정사각형으로 정돈하고 랩으로 감싸 냉장고에 넣어둔다.
6 3을 밀대로 5가 감싸지는 크기의 정사각형으로 민다.
7 6의 중앙에 5를 놓고, 6의 네 꼭지를 중앙을 향해 접듯이 단단히 감싼다.
8 접이형 파이 반죽(→P224)과 같은 요령으로 7을 세로로 길게 밀어 3절접기를 한다. 반죽을 90도로 회전시켜 다시 세로로 길게 밀어 3절접기를 한다. 랩으로 감싸 냉장고에 30분 넣어둔다.
9 8을 세로로 길게 밀어 3절접기를 한다. 반죽을 90도로 회전시켜 다시 세로로 길게 밀어 3절접기를 한다.
10 1에 9를 깔아 넣고 랩을 씌워 30~40℃ 정도인 장소에(혹은 오븐 발효 기능을 사용해서) 1시간 둔다.
11 180℃로 예열한 오븐에서 약 1시간 굽는다.

○ 지름 18㎝ 원형 틀에 구워도 된다.

파르 브르통
Far breton

탄력 있는 반죽에 푸딩 같은 맛

◇카테고리: 케이크   ◇상황: 디저트, 티타임, 간식
◇지역: 브르타뉴 지방   ◇구성: 밀가루+버터+달걀+설탕+우유+자두

브르타뉴 지방에는 '파르'라 불리는 것이 두 가지 있다. 하나는 이 책에서 소개한 디저트 '파르'. 또 다른 하나는 별칭 '브르타뉴풍 포토 푀'라 불리는 키그 아 파즈(Kig ha farz)라는, 요리의 반찬이 되는 '파르'다. 후자의 파르는 메밀가루로 만드는 짭짤한 것과 밀가루로 만드는 달콤한 것이 있는데 둘 다 브르타뉴풍 포토푀 접시에 담는다. 만드는 법도 흥미로운데, 섞은 재료를 천 주머니에 넣어 고기와 채소를 함께 큰 냄비에 삶는다.

'파르'라는 단어는 '밀가루'를 의미하는 라틴어의 far에서 왔으며, 밀가루와 메밀 등의 곡물을 죽으로 만들어 먹은 것이 그 시작이다. 처음에는 물과 소금뿐이었을 수도 있지만, 설탕과 우유로 만들면서 점차 달걀과 버터를 추가하게 된 것 같다. 현재 파르 브르통에는 자두 등을 넣어 굽지만, 원래는 아무것도 넣지 않았다. 밀이 자라지 않는 대신에 메밀을 키워

주식으로서 먹던 토지 성향상 플레인 파르 브르통에도 메밀가루를 넣었다고 한다.

파르 브르통에는 반드시 자두가 들어간다고 할 수 있는데, 브르타뉴는 자두 산지가 아니라는 점에서 의문이 생긴다. 그러나 17~18세기, 자두는 영양가가 높고 오래 보관할 수 있어서 선상의 보존식에 빠지지 않았다. 특히 비타민C가 풍부하다는 점에서 대항해시대에 많은 선원이 죽게 된 괴혈병(비타민C 결핍증)을 예방하는 역할도 했다. 브르타뉴 사람의 대부분은 뱃사람이다. 즉, 그 무렵부터 자두는 그들에게 매우 친근한 존재였다.

브르타뉴에는 건포도와 사과를 넣은 파르 브르통도 있다

파르 브르통 (지름 18cm 원형 틀 1개 분량)

재료	만드는 법
건자두(씨 없는 부드러운 것)…150g 무염 버터…15g 달걀…3개 설탕…80g 우유…400㎖ 박력분…100g	1 버터(분량 외)를 얇게 바른 틀 바닥에 자두를 뿌린다. 2 작은 내열 용기에 버터를 넣고 전자레인지(600W 내외)로 약 20초 돌려 녹인다. 3 볼에 달걀을 넣어 잘 풀어주고 설탕을 넣고 거품기로 잘 섞는다. 4 3에 우유 50㎖와 한 김 식은 2를 넣어 섞는다. 5 4에 박력분을 체로 쳐서 넣고 날가루가 보이지 않을 때까지 섞는다. 6 5에 남은 우유를 조금씩 넣으면서 매끄러운 반죽이 될 때까지 섞는다. 7 1에 6을 붓고 180℃로 예열한 오븐에서 40~50분 굽는다.

카스텔 뒤

Kastell du

별칭 / 가토 브르통 오 사라쟁(Gâteau breton au sarrasin)

메밀가루가 들어간 소박한 버터케이크

◇카테고리: 케이크　◇상황: 디저트, 티타임, 간식
◇지역: 브르타뉴 지방　◇구성: 가루류＋버터＋달걀＋설탕

브르타뉴 지방과 메밀가루는 떼려야 뗄 수 없는 관계다. 하지만 메밀가루로 만든 갈레트는 있어도 메밀가루를 사용한 디저트는 의외로 없다. 그런데 20년 전에 파리에서 산 프랑스 과자 책 속에서 이 과자를 발견했다. 카스텔 뒤는 밀가루보다 메밀가루의 분량이 많은 버터케이크다. 옛날에는 이스트를 사용해 부풀렸지만, 지금은 베이킹파우더를 사용한 간편한 레시피가 적혀 있었다. 과일로 만든 콩포트(→P135)를 곁들이면 훨씬 맛있게 먹을 수 있다.

프랑스어로 메밀은 사라쟁(Sarrasin), 다른 말로 블레 누아르(Blé noir), 즉 검은 밀라고 한다. 브르타뉴에서는 '블레 누아르'가 더 자주 들린다. 하얀 밀가루와 비교해서 검은 밀이라고 부르는 것이지만 사실 메밀은 곡류에 속하지 않는다. 메밀은 12세기에 십자군에 의해 중

동에서 프랑스로 전해져 밀이 자라지 않는 브르타뉴의 척박한 토지에 뿌리를 내렸다. 15세기에 접어들어서는, 오늘날에도 브르타뉴 사람들에게 사랑받는 프랑스 왕비 안 드 브르타뉴가 메밀 재배를 장려했기 때문에 브르타뉴는 일대 산지가 됐다. 19세기 말까지 이어졌지만, 20세기에는 주춤했다가 최근에는 다시 성장하고 있다고 한다. 메밀가루를 사용한 새로운 디저트가 탄생하기를 기대해본다.

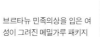

브르타뉴 민족의상을 입은 여성이 그려진 메밀가루 패키지

카스텔 뒤 (지름 18cm 망케 틀 1개 분량)

재료

메밀가루…80g
박력분…40g
베이킹파우더…2작은술
가염버터(실온 상태)…120g
설탕…60g
달걀…2개

만드는 법

1　틀에 버터(분량 외)를 얇게 바른다.
2　가루류(메밀가루~베이킹파우더)를 합쳐 잘 섞는다.
3　볼에 버터를 넣으면서 거품기로 부드러워질 때까지 섞는다.
4　3에 설탕을 조금씩 넣고 뽀얗고 폭신해질 때까지 섞는다.
5　달걀은 노른자와 흰자로 분리해, 노른자는 4에 넣고 잘 섞는다. 흰자는 다른 볼에 넣는다.
6　5의 흰자를 거품기로 뿔이 단단하게 서는 정도가 될 때까지 휘핑한다.
7　5에 6의 1/3을 넣고 거품기로 고루 섞는다. 2를 체로 쳐서 넣고 날가루가 보이지 않을 때까지 고무 주걱으로 섞는다.
8　7에 남은 6을 두 번에 나누어 넣고, 거품이 꺼지지 않도록 재빨리 섞는다.
9　1에 8을 붓고 180℃로 예열한 오븐에서 40~50분 굽는다.

○ 지름 18cm 원형 틀에 구워도 된다.

프티뵈르
Petit-beurre

프랑스에서 가장 보편적이고 심플한 비스킷

◇카테고리: 구움과자　◇상황: 조식, 티타임, 간식
◇지역: 페이드라루아르 지방　◇구성: 밀가루+버터+설탕

프티뵈르는 '작은 버터'라는 뜻으로, 간단하면서도 버터를 확실히 느낄 수 있는 고소한 비스킷이다. 프랑스의 슈퍼마켓에 가면 프티뵈르를 브랜드마다 출시하고 있다. 이 비스킷을 고안한 것은 뤼(LU, '루'로 표기하는 경우도 있음)라는 장수 기업이다. 즉 뤼가 프티뵈르의 원조라는 뜻이다.

뤼는 1846년, 장로맹 르페브르와 폴린이자벨 위틸이 프랑스 서부 도시 낭트에서 시작했다. 이름은 창업자들의 성인 르페브르(Lefèvre)의 L과 위틸(Utile)의 U를 합친 것이다. 두 사람의 아들 루이 르페브르 위틸 시대에 큰 공장을 세워 사업을 확대했다. 1886년에 루이가 프티뵈르를 고안했고, 상표를 등록한 것은 그로부터 2년이 지난 후였다. 그 사이에 동업자가 상품을 비슷하게 흉내 내었다. 하지만 뤼의 프티뵈르는 처음부터 그 모양에 확고한 콘셉트가 있었다. 비스킷의 4개의 꼭지는 1년에 계절이 4개 있는 것을 나타낸다. 주변의 48개의 주름은 4개의 꼭지와 합치면 52개가 되는데, 이는 1년이 총 52주라는 것을 나타낸다. 그리고 반죽에 낸 24개의 구멍은 하루가 24시간임을 뜻한다. 즉, 프티뵈르가 1년 내내 즐길 수 있는 과자임을 표현한 것이다. 직접 만들 때는 뤼와 같은 모양으로 하기는 어렵지만, 최대한 반죽을 얇게 밀고 확실하게 구움색 내기를 권한다.

뤼의 프티뵈르

프티뵈르 (7×5㎝ 비스킷 틀 10개 분량)

재료
박력분…100g
베이킹파우더…1꼬집
가염버터(실온 상태)…50g
슈거파우더…20g
생크림…1큰술

만드는 법
1 박력분과 베이킹파우더를 합쳐 잘 섞는다.
2 볼에 버터를 넣고 거품기로 부드러워질 때까지 섞는다.
3 2에 슈거파우더를 넣고 뽀얗고 폭신해질 때까지 섞는다.
4 3에 생크림을 넣고 섞는다.
5 4에 1을 체로 쳐서 넣고, 날가루가 보이지 않을 때까지 고무 주걱으로 자르듯이 섞는다.
6 5를 한 덩어리로 뭉치고 랩으로 감싸서 냉장고에 15분 넣어둔다.
7 6을 밀대로 2~3㎝ 두께로 밀고, 비스킷 틀로 찍고 포크로 꾹꾹 찍어 구멍을 낸다.
8 유산지를 깐 오븐 팬에 7을 가지런히 놓고 다시 냉장고에 15분 넣어둔다.
9 180℃로 예열한 오븐에서 20분 굽는다.

크레메 당주

Crémet d'Anjou

폭신폭신 새하얀 디저트

◇카테고리: 차가운 디저트   ◇상황: 디저트
◇지역: 페이드라루아르 지방
◇구성: 달걀흰자＋설탕＋생크림＋요거트

크레메에는 크레메 당주와 크레메 당제
(Crémet d'Angers)가 있는데, 앙주(Anjou)는 옛
지명, 앙제(Angers)는 도시명이다. 역사적으로는
전자가 오래되었으며 앙제에서 태어난 미식 평
론가인 퀴르농스키(→P234)는 1921년에 자신의
저서 속에서 '크레메 당주는 신의 만찬'이라고
칭송하기도 했다. 둘 다 프로마주 블랑, 휘핑한
생크림, 머랭 등으로 만든다. 이 책에서는 프로
마주 블랑을 요거트와 생크림으로 대체하는 레
시피를 소개한다.

크레메 당주 (지름 7㎝ 원반 모양 6개 분량)

재료
플레인 요거트(무가당)…400g
생크림…200㎖
달걀흰자…2개 분량
설탕…20g

만드는 법
1 요거트는 유청을 걷어내고, 볼에 넣어 거품기로
   매끄러운 상태가 될 때까지 풀어준다.
2 1에 생크림을 넣고 부드럽게 섞는다.
3 얇은 트레이 위에 소쿠리를 얹고 소쿠리 속에
   키친타월을 3~4장 깔아 2를 붓는다. 랩을 씌워서
   냉장고에 적어도 2시간은 넣어둔다.
4 수분이 빠진 3을 볼에 넣고 거품기로 매끄러운 상태가
   될 때까지 풀어준다.
5 다른 볼에 달걀흰자를 넣고 거품기로 뽀얗게 될
   때까지 거품을 낸다. 설탕을 넣고 뿔이 단단하게 서는
   정도가 될 때까지 휘핑한다.
6 4에 5를 세 번에 나누어 넣는다. 가장 처음에는
   거품기로 고루 섞고, 나머지 두 번은 고무 주걱으로
   거품이 꺼지지 않도록 재빨리 섞는다.
7 6을 6등분하여 각각 깨끗한 거즈에 올려 올려 원반
   모양으로 실로 묶는다.
8 7을 체에 받쳐 냉장고에 1시간 넣어둔다.
9 8의 거즈를 풀고 접시에 올린다.

페 드 논

Pets de nonne

별칭 / 수피르 드 논(Soupirs de nonne, 수녀의 한숨)

한입 크기의 튀김 과자

◇카테고리: 튀김 과자
◇상황: 디저트, 간식, 축하용 과자
◇지역: 상트르 지방 외 　◇구성: 버터＋달걀＋설탕＋감자

　'수녀의 방귀'라는 이름의 튀김 과자다. 고어에서 수녀(Nonne)는 익살스럽게 표현하는 말이기도 해서 '여승'으로 번역하는 경우도 있다. 탄생지와 비화 등 여러 설이 있지만, 저도 모르게 방귀를 뀐 수녀가 부끄러워서 그만 슈 반죽을 식용유(동물 기름이라는 설도 있음) 안에 떨어뜨리고 말았다는 이야기가 가장 유명하다. 원래 페 드 논은 '슈 반죽을 튀긴 것'으로 알려져 있는데, 이 책에서는 슈 반죽에 밀가루 대신 감자를 사용하는 흔치 않은 레시피를 소개한다.

페 드 논 (만들기 쉬운 분량 4인분)

재료

감자(껍질 있는 것)…200g	오렌지 플라워 워터…1작은술
설탕…30g	
소금…1꼬집	식용유…적당량
무염 버터…50g	슈거파우더…적당량
우유…2큰술	
달걀…2개	

만드는 법

1 감자는 껍질을 벗기고 1~2㎝ 두께로 잘라 물에 담가 둔다.
2 냄비에 물을 끓여 1을 중불에 15분 삶는다. 부드러워지면 물을 버리고 감자는 다시 냄비에 넣는다. 수분을 날리면 으깨고 볼에 옮겨 담는다.
3 2에 설탕, 소금, 버터, 우유를 순서대로 넣으면서 나무 주걱으로 잘 섞는다.
4 냄비에 3을 넣고 중불에 올려 나무 주걱으로 섞으면서 수분을 날린다. 냄비 바닥에 얇은 막이 생기게 되면 불에서 내리고 볼에 옮겨 담는다.
5 4가 뜨거울 때 달걀을 1개씩 넣고 오렌지 플라워 워터도 넣어 잘 섞는다. 지름 1㎝인 원형 깍지를 끼운 짤주머니에 채운다.
6 170℃로 달군 식용유에 5를 동그랗게 짜서 넣고 구움색이 날 때까지 튀긴다.
7 먹기 직전에 슈거파우더를 뿌린다.

○ 오렌지 플라워 워터가 없다면 럼을 사용해도 된다.

피티비에
Pithiviers

아몬드 크림을 넣은 풍성한 파이

◇카테고리: 파이 과자　◇상황: 디저트, 티타임
◇지역: 상트르 지방　◇구성: 파이 반죽+아몬드 크림

피티비에라는 디저트는 접이형 파이 반죽에 아몬드 크림을 넣은 것과 아몬드 가루가 듬뿍 들어간 버터케이크에 퐁당(→P229)이 뿌려진 피티비에 퐁당(Pithiviers fondant)이라는 두 종류가 있다

피티비에는 상트르 지방 루아레주에 있는 마을 이름이다. 이 마을은 갈로 · 로만시대부터 존재했으며 피티비에라는 이름은 이 근방 고어로 '네 갈래의 교차점'이라는 뜻이다. 그 무렵부터 피티비에에서는 교역이 활발했다. 유럽에서도 여러 곡창지대인 보스 평야의 질 좋은 밀가루로 만든 과자와 로마 상인이 들고

온 아몬드가 합쳐진 것이 피티비에 퐁당의 시초일 것이라고 한다.

접이형 파이 반죽이 고안되자 18세기 무렵에는 피티비에 퐁당의 케이크 부분을 아몬드 크림으로 하고 접이형 파이 반죽으로 포갠 피티비에가 등장한다. 이는 갈레트 데 루아(→P62)와 거의 같은 구성이지만, 아몬드 크림에 커스터드가 들어가지 않는다는 점, 페브(→P63)를 넣지 않는다는 점, 1년 내내 판다는 점 등을 차이로 들 수 있다.

피티비에 (지름 22cm 꽃 모양 1개 분량)

재료

접이형 파이 반죽
데트랑프
　무염 버터…30g
　강력분…75g
　박력분…75g
　소금…4g
　찬물…80ml
무염 버터(실온 상태)…130g

아몬드 크림
　무염 버터(실온 상태)…75g
　설탕…60g
　달걀(실온 상태)…1개
　아몬드 가루…75g
　옥수수 전분…1큰술
　럼…1큰술

달걀…적당량

만드는 법

1 접이형 파이 반죽을 만들고(→P224), 랩으로 감싸 냉장고에 넣어둔다.
2 아몬드 크림을 만든다. 볼에 버터를 넣고 거품기로 부드러워질 때까지 섞는다.
3 2에 설탕을 조금씩 넣으면서 뽀얗고 폭신해질 때까지 섞는다.
4 3에 달걀을 넣고 잘 섞는다.
5 4에 아몬드 가루, 옥수수 전분, 럼을 순서대로 넣으면서 잘 섞는다.
6 원형 모양 깍지를 끼운 짤주머니에 5를 채운다.
7 1을 2등분하여 각각 밀대로 23cm의 정사각형이 되도록 민다. 반죽 전체를 포크로 꾹꾹 찍어 구멍을 낸다.
8 7의 한 장에 지름 18cm 원형 틀을 올린 후 가볍게 눌러 자국을 낸다. 자국 안쪽에 6을 회오리 모양으로 짠다.
9 8에 7의 또 다른 한 장을 포개어 가볍게 누르고 반죽 주위를 꽃 모양으로 자른다. 표면에 달걀 푼 것을 바르고 냉장고에 30분 넣어둔다.
10 9의 표면에 다시 달걀 푼 것을 바르고 칼로 무늬를 낸 후, 꼬챙이로 중앙에 공기구멍을 낸다.
11 유산지를 깐 오븐 팬에 10을 올리고 220℃로 예열한 오븐에서 40~50분 굽는다.

팽 데피스

Pain d' épices

오랜 역사를 지닌 꿀과 스파이스 케이크

◇카테고리: 케이크　◇상황: 조식, 디저트, 티타임, 간식, 아페리티프
◇지역: 부르고뉴 지방　◇구성: 가루류+버터+달걀+우유+꿀+오렌지필+스파이스

　팽 데피스는 프랑스어로 '스파이스 브레드'라는 뜻이다. 기원은 중국으로, 유라시아 대륙을 횡단하여 유럽으로 들어왔다고 한다. 10세기 무렵, 중국에서는 밀가루에 꿀을 넣어 반죽한 과자를 미 콩(Mi-king)이라 불렀다. 영양가 높은 이 과자는 처음에는 몽골군을 통해 중동의 아랍 국가들로 퍼져나갔다. 그러다 이슬람교도로부터 성지를 탈환할 목적으로 파견된 서유럽의 기독교 십자군에 의해 12~13세기에 유럽으로 전해졌고, 네덜란드, 벨기에, 독일, 헝가리 등의 유럽 국가들로도 퍼져 주로 수도원에서 만들게 되었다.

　프랑스에는 브르타뉴 지방보다 먼저 이들 국가와 가까운 알자스 지방과 랭스(→P161)로 전해졌다. 브르타뉴의 중심 도시인 디종은 1369년에 플랑드르(→P148)의 마르그리트 공주

가 부르고뉴 공국의 필립 왕에게 시집오면서 전해졌다고 한다. 디종에는 1796년부터 이어져오는 장수 기업도 있는데 큼직하게 자른 조각이나 파운드케이크 모양, 찐빵 크기의 둥근 모양 등 다양한 모양과 식감의 빵을 팔고 있다(→P150).

　팽 데피스에 절대 빼놓을 수 없는 재료는 가루, 꿀, 스파이스다. 프랑스어로 팽 데피스라 부르기 위해서는 적어도 꿀이 50% 들어가야 한다. 디종의 팽 데피스는 산뜻하며 향이 강하지 않은 아카시아 꿀을 사용한다. 전통적으로는 밀가루로 만든다고 하는데, 요즘은 밀가루 또는 호밀가루, 또는 이 둘을 섞어서 만든다고도 한다. 이 책에서는 밀가루와 호밀가루를 사용해 깊은 맛과 촉촉한 식감을 주는 레시피를 소개한다.

팽 데피스 (17.5×8×6㎝ 파운드 틀 1개 분량)

재료
밀가루…60g
호밀가루(곱게 간 것)…60g
베이킹파우더…1작은술
올 스파이스 파우더…1작은술
무염 버터…40g
꿀…150g
달걀…1개
우유…80g
오렌지필(5㎜ 크기)…100g

만드는 법
1　틀에 유산지를 깐다.
2　가루류(박력분~올 스파이스 파우더)를 합쳐 잘 섞는다.
3　내열 볼에 버터를 넣고 전자레인지(600W 내외)로 약 40초 돌려서 녹인다.
4　한 김 식은 3에 꿀, 달걀, 우유, 오렌지필을 순서대로 넣으면서 거품기로 잘 섞는다.
5　4에 2를 체로 쳐서 넣고 날가루가 보이지 않을 때까지 고무 주걱으로 자르듯이 섞는다.
6　1에 5를 붓고 표면에 랩을 씌워 냉장고에 하룻밤 넣어둔다.
7　180℃로 예열한 오븐에서 40~60분 굽는다.

○ 1㎝ 두께로 잘라 무염 버터를 발라 먹으면 맛있다.

파차드 오 프뤼노

Pachade aux pruneaux

자두를 넣은 오믈렛 케이크

◇카테고리: 프라이팬 과자
◇상황: 디저트, 티타임, 간식, 축하용 과자
◇지역: 오베르뉴 지방
◇구성: 밀가루+버터+달걀+설탕+우유+자두

크레프와 오믈렛의 중간인 듯한 파차드는 1875년 이후, 산으로 둘러싸인 오베르뉴 지방에서 처음 먹었다고 한다. 원래는 가루, 물, 소금을 섞고, 만약 있다면 달걀도 넣어 라드(Lard) 등의 동물 기름을 두른 프라이팬에 구운 것인데, 이를 조식이나 노동 후의 간식으로 먹은 듯하다. 카니발(사육제→P64) 시기가 되면 여기에 설탕과 잼을 곁들여 먹기도 했다. 현재는 크레프처럼 단맛과 짠맛 타입이 있으며 단맛은 자두 외에도 사과나 블루베리 등을 곁들인다.

파차드 오 프뤼노 (4장 분량)	
재료	
건자두(씨 없는 부드러운 것)…12개	우유…200㎖
럼…1큰술	버터…40g
달걀…4개	
설탕…50g	슈거파우더…적당량
박력분…50g	

만드는 법
1 자두는 4등분으로 자르고, 럼을 뿌려 약 30분 둔다.
2 볼에 달걀을 넣고 거품기로 잘 풀어준다.
3 2에 설탕을 넣고 볼 바닥을 중탕하면서 뽀얗고 걸쭉하게 떨어지는 상태가 될 때까지 휘핑한다.
4 3에 체 친 박력분과 우유를 넣고 날가루가 보이지 않을 때까지 섞는다.
5 프라이팬에 버터 1/4을 넣고 중불에 올린다.
6 버터가 녹기 시작하면 국자로 4의 1/4을 붓고 자두 1/4을 뿌린다.
7 반죽을 안쪽으로 접으면서 한 사이즈 작은 원형을 만들고 양면이 구움색이 날 때까지 굽는다.
8 만드는 법 5~7을 반복한다.
9 먹기 직전에 슈거파우더를 뿌린다.

○ 만드는 법 3에서 달걀과 설탕을 중탕하면서 거품을 내지 않고 섞기만 해도 된다.

아르데슈아

Ardéchois

달콤한 밤 페이스트를 넣은 케이크

◇카테고리: 케이크　◇상황: 디저트, 티타임, 간식
◇지역: 론알프 지방
◇구성: 밀가루+버터+달걀+설탕+마롱 크림

　아르데슈아는 론알프 지방의 한 주인 '아르
데슈의 것'이라는 뜻이다. 크렘 드 마롱(설탕과
함께 조린 마롱을 페이스트 상태로 한 마롱 크림)을
듬뿍 사용한 부드러운 식감의 케이크다. 아르
데슈아는 마롱글라세의 명산지로도 유명하다.
관청 소재지인 프리바에 있는, 1882년에 '창업
한 클레망 포지에(Clément Faugier)'라는 설탕
과자점이 1885년에 마롱글라세를 만드는 과정
에서 나온 불량품을 사용해 아르데슈아에 빠
질 수 없는 크렘 드 마롱을 개발했다고 한다.

아르데슈아 (지름 18㎝ 주름 틀　1개 분량)

재료
박력분…80g
베이킹파우더…1큰술
무염 버터…80g
달걀…2개
설탕…40g
소금…1꼬집
크렘 드 마롱(가당)…200g
럼…1큰술

만드는 법
1　틀에 버터(분량 외)를 얇게 바른다.
2　박력분과 베이킹파우더를 합쳐 잘 섞는다.
3　작은 내열 용기에 버터를 넣고 전자레인지(600W
　　내외)에 1분 조금 넘게 돌려 녹인다.
4　볼에 달걀을 넣어 잘 풀어주고 설탕, 소금을 넣고
　　거품기로 잘 섞는다.
5　4에 한 김 식은 3, 크렘 드 마롱, 럼을 순서대로
　　넣으면서 잘 섞는다.
6　5에 2를 체로 쳐서 넣고 날가루가 보이지 않을 때까지
　　고무 주걱으로 자르듯이 섞는다.
7　1에 6을 붓고 150℃로 예열한 오븐에서 40~45분
　　굽는다.

○ 지름 18㎝ 원형 틀로 구워도 된다.

갈레트 브레산

Galette bressane

별칭 / 타르트 브레산(Tarte bressane)

농후한 크림을 올린 발효 디저트

◇**카테고리**: 발효 과자   ◇**상황**: 조식, 티타임, 간식
◇**지역**: 론알프 지방   ◇**구성**: 밀가루+버터+달걀+설탕+생크림

프랑스어로 '브레스풍 갈레트'라는 뜻이다. 브리오슈 반죽을 토대로 삼고, 농후한 생크림에 설탕을 뿌려 구운 브레스의 향토 과자다. 브레스는 리옹의 북쪽에 있는 앵주의 관청 소재지인 부르캉브레스를 포함한 옛 지역명이다. AOP(원산지보호명칭)로 인증된 '브레스산 닭'은 프랑스에서 손꼽히는 유명한 명품 닭이다. 그다지 알려지지는 않았지만, 생크림과 버터의 질도 좋아 나란히 AOP 인증을 받았다.

옛날에 이 주변의 농촌에서는 각 가정의 주부들이 빵 가마의 여열을 이용해 과자를 구웠다. 남은 빵 반죽에 달걀이나 버터를 넣어 브리오슈 반죽을 만들고 농장에 있는 다양한 재료, 예를 들어 호박이나 견과류 등을 올려 구웠다고 한다.

지금의 갈레트 브레산에 사용되는 것은 생크림과 설탕뿐이다. 프랑스의 생크림은 크게 두 종류로 나눌 수 있는데(→P230) 갈레트 브레산에는 걸쭉한 타입을 사용한다. 물론 브레스산 AOP 인증을 받은 것이 가장 좋지만, 프랑스에서조차 구하기 어렵다. 한국에서 만들 경우는 마스카르포네 치즈 외에 클로티드 크림으로도 대체할 수 있다.

갈레트 브레산 (지름 약 22㎝ 1개 분량)

재료

브리오슈
| 미지근한 물(30~40℃)
| …1큰술
| 인스턴트 드라이이스트…3g
| 무염 버터…40g
| 강력분…180g
| 설탕…35g
| 달걀…2개
| 소금…1/3작은술보다 조금 많게
필링
| 생크림(걸쭉한 타입)
| …100g
| 그래뉴당…50g

만드는 법

1 브리오슈를 만든다. 미지근한 물에 이스트를 넣고 가볍게 섞은 후 5분 둔다.
2 작은 내열 용기에 버터를 넣고 전자레인지(600W 내외)로 1분 살짝 넘게 돌려 녹인다.
3 볼에 강력분 170g, 설탕, 1을 넣고 손으로 가볍게 섞는다.
4 3에 달걀을 1개씩 넣으면서 날가루가 보이지 않을 때까지 손으로 반죽한다.
5 4에 소금을 넣고 주걱으로 5분 치댄다.
6 5에 2를 두세 번에 나누어 넣고, 잘 섞는다. 어느 정도 섞이고 난 후 5분 더 치댄다.
7 6에 남은 박력분을 넣고 5분 치댄다.
8 7에 랩을 씌우고 30~40℃ 정도인 장소에(혹은 오븐 발효 기능을 사용해서) 1시간 둔다.
9 8이 2~3배로 부풀면 반죽을 주먹으로 누르면서 가스를 뺀다.
10 9를 밀대로 지름 22㎝인 원형이 되도록 밀고, 유산지를 깐 오븐 팬에 올린다. 가장자리 1.5㎝를 남겨두고 안쪽 전체를 스푼 뒷면으로 누르면서 우묵하게 만들고 반죽 전체를 포크로 꾹꾹 찍어 구멍을 낸다.
11 10의 우묵한 부분에 생크림(걸쭉한 타입)을 올려서 펴고 그래뉴당을 뿌린 후, 190℃로 예열한 오븐에서 20분 굽는다.

○ 생크림(걸쭉한 타입)이 없다면 마스카르포네 치즈를 사용해도 된다.
○ 가염버터를 사용할 경우, 소금은 1/4작은술 넣는다.
○ 만드는 법 5는 주걱 끝에 반죽을 붙이고 당기는 동작을 반복하면서 치댄다.

뷔뉴

Bugnes

밀가루와 달걀로 만드는 심플한 튀김 과자

◇카테고리: 튀김 과자 ◇상황: 디저트, 간식, 축하용 과자
◇지역: 론알프 지방 ◇구성: 밀가루+달걀+설탕

뷔뉴는 미식의 거리 리옹을 중심으로 생테티엔과 론 계곡 주변에서 먹어온 베네(튀김 과자)다. 뷔뉴는 '튀김 과자'라는 의미인 뷔니(Bunyi/Bugni)에서 파생한 단어라고 한다. 베네 그 자체는 고대 로마 시대부터 존재했으며 그 부근에서는 14세기 이후, 카니발(사육제→P64) 시기에 빼놓을 수 없는 음식으로 자리 잡았다. 옛날에는 밀가루, 물, 맥주 효모, 장미수만으로 만드는 반죽이었지만, 점점 달걀과 기름 성분을 추가하게 되었다고 한다.

뷔뉴는 얇고 바삭바삭한 식감과, 폭신한 도넛 타입이 있는데 둘 다 직사각형 혹은 마름모꼴이라는 공통점이 있다. 이 책에서는 전통적인 제조법인, 이스트로 발효시키지 않고 섞기만 한 반죽을 휴지시켜 튀기는 얇은 형태를 소개한다. 부드러운 반죽을 얇게 펼치는 것이 제법 어렵지만, 되도록 얇게 펼쳐 바삭하게 튀기는 것이 맛있다.

크레프(→P102) 부분에서도 언급했지만, 기독교 단식 기간에 들어가기 직전인 카니발 시기에 먹는 것이 베네와 크레프 그리고 고프르(와플→P162)다. 옛날에는 이것들을 거의 같은 반죽으로 만들어 식용유(지방)로 튀기면 베네가 되고, 철판으로 구우면 크레프나 고프르가 되었다. 모두 오븐이 필요하지 않기 때문에 축제 때 길거리에서 팔기에 안성맞춤인 디저트였다. 일반적으로 프랑스 중앙과 남쪽에는 카니발 시기에 베네를 먹는 습관이 지금도 남아 있다. 뷔뉴 외에도 오레이에트(→P65)나 메르베이유라 불리는 튀김 과자도 있다.

뷔뉴 (18개 분량)

재료

달걀…1개
설탕…30g
소금…1꼬집
식용유…1큰술
오렌지 플라워 워터…1작은술
박력분…100g+적당량

식용유…적당량
슈거파우더…적당량

만드는 법

1 볼에 달걀을 넣어 잘 풀어주고 설탕, 소금을 넣어 거품기로 잘 섞는다.
2 1에 식용유와 오렌지 플라워 워터를 넣고 섞는다.
3 2에 박력분 100g을 체로 쳐서 넣고 날가루가 보이지 않을 때까지 섞는다. 반죽이 너무 묽으면 밀대로 밀 수 있을 정도의 굳기가 될 때까지 박력분을 넣으면서 치댄다.
4 3을 랩으로 감싸 냉장고에 2시간 넣어둔다.
5 4를 밀대로 3㎜ 두께로 밀고, 7×2.5㎝ 크기의 직사각형으로 18개 자른다.
6 5를 170℃로 달군 기름으로 구움색이 날 때까지 튀긴다.
7 먹기 직전에 슈거파우더를 뿌린다.

○ 오렌지 플라워 워터가 없다면 럼을 사용해도 된다.

브리오슈 드 생제니
Brioche de Saint-Genix
별칭 / 브리오슈 오 프랄린 로즈(Brioche aux pralines roses)

분홍색 아몬드가 들어간 브리오슈

◇카테고리: 발효 과자 ◇상황: 조식, 티타임, 간식, 아페리티프
◇지역: 론알프 지방 ◇구성: 밀가루＋버터＋달걀＋설탕＋아몬드

프랄린 로즈(분홍색 설탕을 입힌 아몬드)를 배합한 브리오슈는 론알프 지방 여기저기서 볼 수 있다. 이 브리오슈는 옛 사부아 지방(현재의 론알프)에서 탄생했다. 1700년대에 사부아 공국이 시칠리아를 영유하게 되는데 이때 3세기에 시칠리아에서 순교한 성 아가타를 기리는 관습도 함께 들어왔다고 한다. 성 아가다는 로마 집정관이 요구한 결혼을 거절한 죄로 고문받고 유방을 절단당했다. 하지만 이튿날 재생했다고 하는 전설을 지닌 성인이다. 사부아에서는 유방을 본뜬 프랄린을 올린 과자를 만들어 먹었다고 한다. 그리고 1880년 무렵(1860년 설도 있음), 사부아의 피에르 라뷸리라는 제과 장인

이 반죽 안에도 프랄린을 넣어 굽는 아이디어를 냈다. 그 가게가 있는 곳은 생제니레빌라지라는 작은 마을로, 지금도 주요 상품으로 꾸준히 만들고 있다(현재 가게명은 '가토 라뷸리').

프랄린의 역사는 오래되었는데, 프랑수아 마시알로(→P234)가 다양한 색의 프랄린 만드는 법을 기록했다는 말도 있다

론알프의 중심 도시인 리옹에 있는 제과점 진열장

브리오슈 드 생제니 (지름 18~20㎝ 1개 분량)		분홍색 프랄린 (약 125g 분량)
재료 브리오슈 　미지근한 물(30~40℃)…2큰술 　인스턴트 드라이이스트…5g 　무염 버터…70g 　강력분…270g 　설탕…50g 　달걀…3개 　소금…1/2작은술 분홍색 프랄린…125g	**만드는 법** 1 브리오슈 만드는 법 1~8까지를 　만든다(→P171). 2 프랄린은 절구로 큼직하게 빻는다. 3 1이 2~3배로 부풀면 반죽을 　주먹으로 누르면서 가스를 뺀다. 　2를 넣고 잘 치댄다. 4 3을 돔 모양으로 성형하고 　유산지를 깐 오븐 팬 위에 올린다. 5 180℃로 예열한 오븐에서 　25~30분 굽는다.	**재료** 그래뉴당…100g 물…2큰술 식용색소(붉은색)…적당량 통아몬드(로스트)…50g **만드는 법** 1 작은 냄비에 그래뉴당과 물을 　넣고 중불에 올려, 거품이 　부글부글 일면 아주 소량의 　물(분량 외)로 푼 식용색소를 　넣는다. 2 1이 120℃(물속에 떨어뜨리면 　엿처럼 굳는 상태)가 되면 　아몬드를 넣고 불을 끈다. 　나무 주걱으로 전체를 섞는다. 3 2를 다시 약불에 올려 섞으면서 　아몬드를 흩어지게 한다.

마르조렌

Marjolaine

별칭 / 가토 마르조렌(Gâteau marjolaine)

세 종의 크림과 견과류 반죽이 만난 레이어드 케이크

◇카테고리: 케이크 ◇상황: 디저트, 티타임
◇지역: 론알프 지방 ◇구성: 다쿠아즈 반죽+가나슈+샹티이+프랄린 크림

마르조렌은 론알프 지방의 비엔에 있는 별 달린 레스토랑 '라 피라미드'에서 탄생했다. 이곳 오너 셰프였던 페르낭 푸앵이 1950년대에 고안한 디저트다. 미식의 거리 리옹을 포함한 론알프는 폴 보퀴즈(→P235), 알랭 샤펠, 트루아그로 형제 등 위대한 요리사를 다수 배출했는데, 푸앵은 그들의 스승에 해당하는 인물이다.

마르조렌은 헤이즐넛 가루와 머랭을 합친 가벼운 다쿠아즈 반죽(→P228)에 휘핑한 생크림, 프랄린 크림, 가나슈(→P229)라는 3가지 생크림 베이스 크림이 포개져 있다. 버터크림이 주류였던 시대에 생크림을 사용해 가벼움을 목표로 했던 것이다. 푸앵의 시대, 라 피라미드에서 서빙된 마르조렌에는 비엔 마을의 랜드마크이며, 가게 이름이기도 한 고대 로마 시대의 피라미드(기다란 피라미드 모양의 조형물) 모양이 슈거파우더로 장식되어 있었다고 한다. 이 책은 프랄린 크림을 사용했는데, 취향에 맞는 크림으로 넣어도 좋다.

마르조렌 (20×7㎝ 직사각형 1개 분량)

재료

다쿠아즈 반죽
- 아몬드 가루…100g
- 헤이즐넛 가루…50g
- 슈거파우더…100g
- 박력분…10g
- 달걀흰자…3개 분량

가나슈
- 다크 초콜릿…50g
- 생크림…50㎖

샹티이
- 생크림…150㎖
- 설탕…1큰술

프랄린 페이스트…20~25g

만드는 법

1 반죽을 만든다. 아몬드 가루, 헤이즐넛 가루, 슈거파우더 80g, 박력분을 합쳐 체에 친다.
2 볼에 달걀흰자를 넣고 거품기로 뽀얗게 될 때까지 거품을 낸다. 남은 슈거파우더를 넣어 뿔이 단단하게 서는 정도가 될 때까지 휘핑한다.
3 2에 1을 넣고 고무 주걱으로 거품이 꺼지지 않도록 재빨리 섞는다.
4 유산지를 깐 오븐 팬에 3을 붓고 팔레트나이프로 30×20㎝의 직사각형이 되도록 펼친다.
5 200℃로 예열한 오븐에서 15분 굽는다.
6 다 구워지면 바로 랩을 씌운다. 한 김 식으면 유산지를 벗겨낸다.
7 가나슈를 만든다. 초콜릿은 잘게 썬다.
8 작은 냄비에 생크림을 넣고 중불에 올린다.
9 끓기 직전에 불을 끄고 7을 넣어 완전히 녹을 때까지 고무 주걱으로 잘 섞는다. 다 녹지 않으면 냄비째 중탕한다.
10 샹티이를 만들고(→P227), 1/2보다 조금 모자란 분량을 다른 볼에 옮겨 담는다(a).
11 10의 볼에 남은 샹티이 1/3을 작은 용기에 옮겨 담고 프랄린을 넣어 거품기로 잘 섞는다.
12 11을 10에 다시 담고 고무 주걱으로 거품이 꺼지지 않도록 재빨리 섞는다.
13 6을 20×7㎝의 직사각형 4장으로 자른다. 1장 위에 9를 바르고 또 다른 1장을 올린다.
14 13 위에 (a)의 샹티이를 바르고, 13의 반죽을 1장 올린다.
15 14 위에 12를 바르고 13의 반죽을 1장 올린다.
16 빗살 모양 깍지를 끼운 짤주머니에 남아 있는 12를 채워 15 표면에 짠다.

비스퀴 드 사부아

Biscuit de Savoie

별칭 / 가토 드 사부아(Gâteau de Savoie)

가벼운 식감의 별립법 스펀지케이크

◇카테고리: 케이크　◇상황: 디저트, 티타임, 간식
◇지역: 론알프 지방　◇구성: 가루류+버터+달걀+설탕

　먼저 이름에 대해 살펴보면 비스퀴 드 사부아와 가토 드 사부아, 두 가지로 불리는데, 비스퀴 드 사부아 쪽이 좀 더 모던한 명칭이라고 한다. 이 디저트의 가장 큰 특징은 울퉁불퉁한 모양과 제법 높이가 있는 근사한 틀로 굽는다는 것이다. 현재는 이 틀로 굽는 것도 있고 쿠글로프(→P152) 같은 틀로 굽는 것도 있다.

　이 과자의 역사는 14세기로 거슬러 올라간다. 당시 사부아 지방을 다스렸던 백작 아메데 6세는 대단한 미식가였다. 어느 날, 맹주인 신성로마제국의 황제 카를 4세를 자신이 사는 샹베리성의 만찬회에 초대했다. 그때, 아메데 6세가 제과 장인에게 명해 만들게 한 것이 가토 드 사부아였다. 그 아름다운 모양은 샹베리

성을 표현한 것이라고도, 알프스산맥을 표현한 것이라고도 한다. 우아하고 날개처럼 가벼운 식감의 과자를 카를 4세는 무척 마음에 들어 했고 일정을 늘려 매 식사 후에 이 과자를 즐겼다는 일화가 남아 있다.

　18세기에는 므농(→P235)의 요리서에도 등장하는데 그린 레몬 혹은 라임, 또는 오렌지 꽃으로 향을 입혔다. 그리고 고운 설탕, 달걀흰자, 레몬즙으로 만든 설탕 옷을 입혔다고 한다.

　밀가루 대신 옥수수 전분 등 전분을 사용하는 아이디어를 생각해낸 이는 18세기 파리에서 각자 가게를 운영하던 두 명의 제과 장인이라고 한다.

비스퀴 드 사부아 (지름 13cm, 높이 9cm 링 틀 1개 분량)

재료	만드는 법
박력분…40g	1 틀에 버터(분량 외)를 얇게 바르고 박력분(분량 외)을 뿌린다.
전분(또는 옥수수 전분)…30g	2 박력분과 전분을 합쳐 잘 섞는다.
무염 버터…15g	3 작은 내열 용기에 버터를 넣고 전자레인지(600W 내외)로 약 20초 돌려 녹인다.
달걀…2개	4 달걀은 노른자와 흰자로 분리해, 다른 볼에 담는다.
설탕…50g	5 4의 노른자에 설탕 반 분량을 넣고 거품기로 뽀얗게 될 때까지 섞는다.
	6 5에 한 김 식은 3을 넣고 섞는다.
슈거파우더…적당량	7 4의 흰자를 거품기로 뽀얗게 될 때까지 거품을 낸다. 남은 설탕을 넣고 뿔이 단단하게 서는 정도가 될 때까지 휘핑한다.
	8 6에 7의 1/3을 넣고 거품기로 확실하게 섞는다. 2를 체로 쳐서 넣고 날가루가 보이지 않을 때까지 고무 주걱으로 자르듯이 섞는다.
	9 8에 남은 7을 두 번에 나누어 넣고, 거품이 꺼지지 않게끔 재빨리 섞는다.
	10 1에 9를 붓고 180℃로 예열한 오븐에서 30~35분 굽는다.
	11 한 김 식으면 틀에서 빼내고 완전히 식혀서 슈거파우더를 뿌린다.

푸아르 아
라 사부아야르
Poires à la savoyarde

서양배와 생크림이 달콤한 그라탕

◇카테고리: 과일 과자
◇상황: 디저트　◇지역: 론알프 지방
◇구성: 버터＋설탕＋생크림＋서양배

　사부아야르는 '사부아의'라는 뜻이다. 표고 4000m급의 산들이 이어지는 알프스산맥의 산기슭에 위치하는 옛 사부아 지방의 풍경은 애니메이션 〈알프스 소녀 하이디〉의 배경을 떠올리면 아마 좀 더 쉽게 이해할 수 있을 것 같다. 비교적 익숙한 치즈 퐁듀도 사부아의 향토 요리다. 사부아의 서양배는 1996년에 IGP(지리적표시보호)의 인증을 받아 높은 품질이 보증된다. 그 서양배에 생크림, 버터, 설탕 등을 합쳐 함께 굽는 간단한 조리법의 디저트다.

푸아르 아 라 사부아야르
(만들기 쉬운 분량 4인분)

재료
서양배…2개
물…50㎖
무염 버터…30~40g
설탕…50g
생크림…100㎖

만드는 법
1　서양배는 8등분하고 껍질과 심을 제거한다.
2　내열 용기에 1과 물을 넣고 작게 자른 버터를 올린다.
3　2에 설탕 30g을 골고루 뿌리고 200℃로 예열한 오븐에서 30분 굽는다.
4　작은 용기에 생크림과 남은 설탕을 넣고 잘 섞는다.
5　3에 4를 끼얹고 20~25분 더 굽는다.

○ 서양배 대신 사과를 써도 좋다.

Colonne 9

◆◆◆

프랑스 과일과 과자

프랑스는 과일 종류가 풍부하다. 봄, 여름은 베리류와 체리, 살구와 복숭아, 플럼류, 가을은 사과와 서양배, 밤 등 알록달록한 과일이 시장을 활기차게 만든다. 겨울에는 생과일이 확 줄어들어 온주밀감을 닮은 클레멘타인과 레몬 정도나, 그 대신 가을에 말려둔 견과류와 건과일이 대활약한다.

프랑스 시골에 가면 정원에는 대부분 과일나무와 베리가 자란다. 매일 먹을 수 있을 양만 천천히 열매를 맺어주면 좋으련만, 그게 말처럼 쉬운 일이 아니다. 현재 같은 냉장 기술과 농업기술이 없어 그 계절에 수확한 것을 그 계절에 먹던 시대. 생으로 다 먹지 못하자 생각해낸 방법이 과자를 만들 때 사용하는 것이었다. 사실 프랑스 사람의 한 끼 식사 메뉴에는 '디저트'가 빠지지 않는다. 프랑스 사람에게 있어서 정원에서 수확한 과일로 과자를 만드는 일은 밭에서 일군 채소로 반찬을 만드는 것과 비슷하다. 프랑스 사람이 반죽과 과일을 조합한 타르트를 곧잘 만드는 것도 이런 배경의 영향이 크다. 영국에서 건너왔다고 하는 크럼블(→P139)이 정착한 것도 과일의 맛을 최대치로 살릴 수 있는 디저트이기 때문이다. 이처럼 반죽과 조합하는 것 외에도 오븐에서 굽거나 시럽으로 졸이거나 아파레유와 함께 굽는 등 과일 레시피는 변주가 다양하다. 프랑스 지방에 가면 그 토지에서 수확한 과일을 쓰는, 우리가 모르는 비밀 레시피가 존재하고 있을지도 모른다.

그래도 다 소비하지 못하는 과일은 콩피튀르나 콩포트(→P135)로 만든다. 최근에는 저감미 레시피가 늘고 있는데 과일과 동량의 설탕을 사용해, 과일의 수분만으로 단시간에 졸이는 것이 기본이다. 단맛은 조금 강해도 갓 수확한 과일의 향과 감칠맛을 설탕이 그대로 가두어놓은 듯한 맛이 난다. 프랑스 조식에서 콩피튀르는 절대로 빠질 수 없으며 식탁에 여러 과일 콩피튀르가 올라오는 것도 프랑스에서만 볼 수 있는 풍경이리라. 콩피튀르보다 단맛을 줄이고 때에 따라서는 물도 넣는 콩포트는 그대로 먹거나 프로마주 블랑(→P230), 요거트 등에 섞기도 한다. 이처럼 프랑스 사람은 과일을 1년 내내 천천히 음미한다.

왼쪽부터 복숭아, 살구, 블랙 커런트, 레드 커런트

생아몬드(왼쪽)와 생헤이즐넛(오른쪽)

투르토 프로마제

Tourteau fromagé
Tourteau fromager

검게 눌은 치즈 타르트

◇카테고리: 치즈 과자   ◇상황: 조식, 디저트, 티타임, 간식
◇지역: 푸아투사랑트 지방
◇구성: 파이 반죽＋달걀＋설탕＋프레시 치즈

　전통적으로는 염소젖으로 만든 프레시 치즈를 사용하지만, 요즘은 우유로 만든 치즈로도 만든다. 19세기 옛 푸아투 지방에서 탄생한 이 디저트는 겉모습에 걸맞은 에피소드가 남아 있다. 어느 날, 요리사가 치즈 타르트를 오븐에서 꺼내는 걸 깜빡했다. 급히 꺼냈지만 크게 부풀고 새카맣게 탔다. 버릴까 하다가 그냥 이웃에게 주었는데, 무척 맛있었다는 감사 인사를 듣게 된다. 투르토는 푸아투 사투리로 '케이크'라는 뜻의 투투리(Touterie)에서 파생했다는 설이 있다.

투르토 프로마제 (지름 21㎝ 내열 볼 1개 분량)

재료

반죽형 파이 반죽
　무염 버터…70g
　박력분…150g
　소금…1/2작은술
　설탕…1큰술
　식용유…1/2큰술
　찬물…1~3큰술

필링
　리코타 치즈…250g
　설탕…60g
　레몬 껍질(간 것)
　　…1/2개 분량
　달걀…3개

만드는 법

1　반죽형 파이 반죽을 만든다(→P225).
2　1을 밀대로 밀어 지름 25㎝의 원을 만든다. 반죽 전체를 포크로 꾹꾹 찍어 구멍을 내고 내열 볼에 깔고 냉장고에 넣어둔다.
3　필링을 만든다. 볼에 리코타 치즈를 넣고 거품기로 매끄러운 상태가 될 때까지 풀어준다.
4　3에 설탕 40g, 레몬 껍질을 넣고 잘 섞는다.
5　달걀은 노른자와 흰자로 분리해, 노른자는 4에 넣어 잘 섞는다. 흰자는 다른 볼에 넣는다.
6　5의 흰자를 거품기로 뽀얗게 될 때까지 거품을 낸다. 남은 설탕을 넣고 뿔이 단단하게 서는 정도가 될 때까지 휘핑한다.
7　5에 6의 1/3을 넣고 거품기로 잘 섞는다. 그다음 남은 6을 두 번에 나누어 넣고, 고무 주걱으로 거품이 꺼지지 않도록 재빨리 섞는다.
8　2에 7을 붓고 250℃로 예열한 오븐에서 30~35분 굽고 180℃로 낮춘 오븐에서 10~20분 굽는다.

브루아예 뒤 푸아투

Broyé du Poitou
별칭 / 브루아예 푸아트뱅(Broyé poitevin)

'부서뜨려' 먹는 큼지막한 버터 쿠키

◇카테고리: 구움과자　◇상황: 디저트, 티타임, 간식
◇지역: 푸아투샤랑트 지방
◇구성: 밀가루＋버터＋달걀노른자＋설탕＋안젤리카

　브루아예는 '부서뜨리다'라는 뜻의 브루아
예(Broyer)에서 파생했다. 한가운데를 주먹으
로 충격을 가해 부서진 곳을 먹는 것이 전통이
다. 19세기부터 푸아투샤랑트 지방에서 먹기
시작했는데 크기는 다양하며 지름이 1cm인 것
도 있다고 한다. 요즘은 상자에 든 쿠키 사이
즈의 브루에를 파리에서도 살 수 있다. 이 책
에서는 같은 지방 특산품이기도 한 안젤리카
(→P231)를 넣었지만, 본고장에서는 플레인 맛이
일반적이다. 꼭 맛있는 버터를 구해 만들어보기
를 바란다.

브루아예 뒤 푸아투
(지름 24cm 꽃 모양 1개 분량)

재료
안젤리카…30g　　　　　달걀노른자…1개 분량
무염 버터(실온 상태)…75g　박력분…150g
설탕…75g　　　　　　　우유…1큰술＋1작은술
소금…1꼬집

만드는 법
1　안젤리카는 잘게 썬다.
2　볼에 버터를 넣고 거품기로 부드러워질 때까지 섞는다.
3　2에 설탕과 소금을 넣고 뽀얗고 폭신해질 때까지
　　섞는다.
4　3에 달걀노른자 1/2개를 넣고 섞는다.
5　4에 박력분을 체로 쳐서 넣고 1과 우유 1큰술도 넣어
　　날가루가 보이지 않을 때까지 고무 주걱으로 자르듯이
　　섞는다.
6　5를 한 덩어리로 뭉치고 랩으로 싸서 냉장고에 30분
　　넣어둔다.
7　6을 밀대로 지름 24cm의 원형이 되도록 밀고,
　　유산지를 깐 오븐 팬에 얹는다. 가장자리가 꽃 모양이
　　되도록 손으로 꼬집고 반죽 전체를 포크로 꾹꾹 찍어
　　구멍을 낸다.
8　7의 표면에 남은 달걀노른자와 우유 1작은술 합친
　　것을 바르고 포크로 무늬를 만든다.
9　180℃로 예열한 오븐에서 30분 굽는다.

크루스타드 오 폼

Croustade aux pommes

별칭 / 투르티에르 오 폼(Tourtière aux pommes), 파스티스 가스코뉴 오 폼(Pastis gascon aux pommes)

얇은 반죽을 몇 장이나 겹쳐서 만드는 또 하나의 파이

◇카테고리: 파이 과자   ◇상황: 디저트, 티타임
◇지역: 아키텐 지방   ◇구성: 파트 필로+버터+설탕+사과+자두

이 디저트는 프랑스 남서부 일대에서 만드는 디저트인데 지역에 따라서 이름이 바뀐다. 랑드 지방과 옛 베아른 지방에서는 투르티에르로 부르고, 케르시 지방에서는 파스티스라고 부른다. 반대쪽이 비칠 정도로 얇은 '파트 필로' 반죽을 사용하는 것이 특징이다. 이 반죽은 아랍 과자에 사용하는 반죽으로, 필로는 그리스어로 '잎사귀'를 뜻하는 단어에서 유래했다. 10세기보다 이전에 일어난 아랍인의 프랑스 침략으로 이 반죽이 프랑스 남서부에 전해졌다고 한다. 반죽 만드는 법을 간단히 설명하면 밀가루, 달걀, 물, 식용유, 소금을 합쳐 섞은 것을 천을 깔고 밀가루를 뿌린 널찍한 테이블에 엎어 두 명 이상이 동시에 조금씩 당긴다. 반죽은 금방 말라버리기 때문에 재빠르게

녹인 버터를 바르고 틀에 맞게 잘라 틀에 깐다. 크루스타드의 필링에는 사과와 이 지방의 특산품인 자두 등을 사용한다. 마찬가지로 특산품인 아르마냐크(브랜디의 일종)로 향을 입히는 것도 특징이다. 이 책에서는 쉽게 구할 수 있는 춘권피로 대체했다. 파트 필로보다 조금 두껍지만 만들고 싶을 때 만들 수 있어 편리하다.

바스크 스타일 직물 위에 올린 투르티에르

크루스타드 오 폼 (지름 18cm 망케 틀 1개 분량)

재료
건자두(씨 없는 부드러운 것)…80g
아르마냐크…2큰술
무염 버터…70g
사과…1개
춘권피…10장
그래뉴당…40g

만드는 법
1 자두는 4조각으로 자르고 아르마냐크를 뿌려 약 30분 둔다.
2 작은 내열 용기에 버터를 넣고 전자레인지(600W 내외)로 약 1분 돌려 녹인다.
3 사과는 껍질과 심을 제거하고 2~3cm 두께의 부채꼴로 썬다.
4 춘권피 2장은 한쪽 면에 2를 바르고, 버터를 바른 면을 위로 가게 해서 면적의 반 분량을 겹치고 틀 중앙에 얹는다.
5 4 위에 3의 1/4을 펼치고 그래뉴당 10g을 뿌린 후 1의 1/4을 골고루 뿌린다.
6 5 위에 만드는 법 4, 5를 3회 반복한다.
7 남은 피 2장의 한쪽 면에 2를 바르고, 버터를 바른 면을 위로 가게 해서 주름을 만들며 6의 반쪽 면씩 덮는다. 바깥쪽에 나온 피를 안쪽으로 모으면서 전체를 다듬는다.
8 180℃로 예열한 오븐에서 50~60분 굽는다.

○ 원래는 춘권피가 아닌 파트 필로를 사용한다.
○ 아르마냐크가 없다면 럼이나 위스키를 사용해도 된다.

가토 바스크 오 스리즈

Gâteau basque aux cerises

블랙 체리 잼이 들어간 정통파 케이크

◇카테고리: 케이크　◇상황: 디저트, 티타임, 간식
◇지역: 아키텐 지방　◇구성: 밀가루+버터+달걀+설탕+잼

　　가토 바스크는 프랑스 바스크 지방에서 탄생한 디저트다. 원래는 버터 대신에 라드를, 밀가루 대신에 옥수숫가루를 사용하고 필링은 들어 있지 않았다. 17세기 중엽이 되자 그때그때 수확한 과일을 중간에 넣어 굽게 되었다. 현재 가토 바스크의 원형이 만들어진 것은 19세기로 접어든 이후다. 바스크 내륙에 있는 캉보레뱅(옛 명칭은 캉보)이라는 치유 온천으로 유명했던 마을로, 마리안 이리고이언이라는 여성이 제과점을 꾸려나가고 있었다. 당시 이리고이언이 만들던 '가토 드 캉보'라는 과자가 후에 가토 바스크가 되었다. 이리고이언의 레시피는 손녀들이 물려받아 지금도 캉보레뱅에 가면 옛 레시피로 만드는 가토 바스크를 먹을 수가 있다.

　　1994년에 설립된 가토 바스크 보존 · 보급 단체에 따르면 가토 바스크의 필링은 이차소 마을의 블랙 체리 잼 혹은 바닐라 풍미의 커스터드 크림 두 종류라고 한다. 물론 블랙 체리 잼 쪽이 역사가 오래되었지만 현재는 커스터드 크림 쪽이 주류다. 표면에 '로브뤼(Lauburu)'라 불리는 십자 무늬를 찍은 가토 바스크를 볼 수 있는 것도 이 토지만의 특색이다.

조각으로 판매하는 커스터드 크림이 든 가토 바스크

가토 바스크 오 스리즈 (지름 18㎝ 망케 틀 1개 분량)

재료
무염 버터(실온 상태)…125g
설탕…100g
소금…2꼬집
달걀(실온 상태)…2개
아몬드 가루…50g
럼…1큰술
박력분…150g

블랙 체리 잼…150g
달걀…적당량

만드는 법
1　틀에 버터(분량 외)를 얇게 바른다.
2　볼에 버터를 넣으면서 거품기로 부드러워질 때까지 섞는다.
3　2에 설탕을 조금씩 넣으면서 뽀얗고 폭신해질 때까지 섞는다.
4　3에 소금, 달걀을 하나씩 순서대로 넣으면서 잘 섞는다.
5　4에 아몬드 가루, 럼을 순서대로 넣으면서 잘 섞는다.
6　5에 박력분을 체로 쳐서 넣고 날가루가 보이지 않을 때까지 고무 주걱으로 자르듯이 섞는다.
7　원형 모양 깍지를 끼운 짤주머니에 6을 채우고, 1의 바닥에 균일한 두께가 되도록 소용돌이 모양으로 짠다. 1의 측면을 따라 빙 둘러 짜서 높이를 만든다.
8　7의 우묵한 곳에 매끄러운 상태로 만든 잼을 고루 펼치고 남은 반죽을 소용돌이 모양으로 짜서 전체를 덮는다.
9　8의 표면에 달걀 푼 것을 바르고 칼로 무늬를 낸다.
10　180℃로 예열한 오븐에서 40~50분 굽는다.

○ 블랙 체리 잼이 없다면 베리류 잼을 사용해도 된다.

213

밀라스
Millas

프랑스에서는 보기 드문
옥수수 케이크

◇카테고리: 곡물 과자　◇상황: 디저트, 티타임, 간식
◇지역: 미디피레네 지방
◇구성: 가루류+버터+달걀+설탕+우유

옥수수는 16세기 대항해시대에 (중)남미에
서 스페인으로, 그리고 프랑스로 전해졌다. 밀
라스는 프랑스 남서부로부터 중남부에 걸쳐
만들어 먹는데, 토지에 따라 이름과 배합에 다
소 차이가 있다. 이름은 조나 기장 등의 잡곡
이라는 의미의 미레(Millet)에서 파생되었다고
한다. 옥수수가 들어오기 전에는 곡물을 죽처
럼 만들어 먹었던 것이 기원인 듯싶다. 페리고
르 지방에서는 옥수숫가루와 함께 호박 페이
스트를 넣는 레시피도 있다.

밀라스 (24×19.5㎝ 트레이 1개 분량)

재료
옥수숫가루(아주 고운 입자)…80g
박력분…20g
설탕…60g
소금…1꼬집
베이킹파우더…1/2작은술
우유…350㎖
무염 버터…10g
달걀…1개
레몬 껍질(간 것)…1/2개 분량
아르마냐크…2큰술

만드는 법
1 틀에 버터(분량 외)를 얇게 바른다
2 옥수숫가루~베이킹파우더를 합쳐 잘 섞는다.
3 볼에 2를 체로 쳐서 넣고 우유 150㎖를 조금씩
　 넣으면서 거품기로 섞는다.
4 냄비에 남은 우유, 버터를 넣고 중불에 올린다. 끓으면
　 불에서 내린다.
5 3에 4를 조금씩 넣으면서 섞는다.
6 5가 식으면 달걀, 레몬 껍질, 아르마냐크를 넣고
　 섞는다.
7 1에 6을 붓고 180℃로 예열한 오븐에서 30~45분
　 굽는다.

○ 아르마냐크가 없다면 럼이나 위스키를 사용해도 된다.

크로캉

Croquants

바삭바삭한 식감에
고소한 견과류

◇카테고리: 구움과자   ◇상황: 티타임, 간식, 아페리티프
◇지역: 미디피레네 지방   ◇구성: 밀가루＋달걀흰자＋설탕＋견과류

프랑스 남부 타른주의 코르드쉬르시엘이라
는 마을에서 탄생했기 때문에 크로캉 드 코르
드(Croquant de Cordes)라고도 불린다. 전해지는
말에 따르면 17세기 코르드에서는 아몬드 나
무가 너무 많아서 어떻게 소비하면 좋을지 고
민이었다고 한다. 그때 그곳에서 오베르주(숙
박 시설을 갖춘 레스토랑)를 경영하는 여성이 같
은 주에 있는 가이악산 와인과 어울리도록 만
든 것이 이 과자였다고 한다. 바삭한 식감이
특징적이며 후에 그 식감을 의미하는 '크로캉'
으로 이름 지어졌다.

크로캉 (지름 6㎝ 15개 분량)

재료
통아몬드(로스트)…30g
통헤이즐넛(로스트)…30g
달걀흰자…1개 분량
그래뉴당…80g
박력분…50g

만드는 법
1 견과류는 굵게 다진다.
2 볼에 달걀흰자를 넣어 잘 풀어주고 그래뉴당을 넣고
   거품기로 잘 섞는다.
3 2에 1을 넣고 박력분도 체로 쳐서 넣은 후 날가루가
   보이지 않을 때까지 고무 주걱으로 자르듯이 섞는다.
4 유산지를 깐 오븐 팬에 3을 스푼으로 지름 6㎝인
   원형이 되도록 얇게 펼친다.
5 200℃로 예열한 오븐에서 10~15분 굽는다. 한 김
   식으면 유산지에서 떼어낸다.

칼리송
Calissons

아몬드와 당절임 과일이 만난 한입 크기 과자

◇카테고리: 설탕 과자   ◇상황: 티타임, 축하용 과자
◇지역: 프로방스알프코트다쥐르 지방   ◇구성: 설탕+아몬드+당절임 과일

칼리송은 엑상프로방스(이후 '엑상'으로 생략)의 명과다. 칼리송 덱스(Calisson d'Aix)라고도 불린다. 이 지역은 프로방스 백작령의 수도로서 번영했는데, 화가 폴 세잔이 대이닌 마을로도 유명하다. 칼리송은 아몬드와 프로방스 특산품인 프뤼이 콩피를 잘게 자르고 과일 시럽을 더해 페이스트 상태가 될 때까지 으깨서 만든다. 사용하는 프뤼이 콩피는 무려 멜론, 오렌지(레몬을 사용할 수도 있다)다. 그 원형은 고대 그리스 로마 시대부터 존재했으며, 프랑스에는 이탈리아를 통해 들어왔다고 한다.

칼리송의 역사에는 여러 설이 있는데 다음 두 가지가 유력하다. 하나는 15세기에 이 지역을 통치하던 르네 1세(르네 선량왕)가 후처인 쟌 드 라발을 맞이할 때, 잘 웃지 않는다는 소문이 자자했던 공주를 웃게 하려고 궁중 설탕 과자 장인에게 만들게끔 한 것이 칼리송이라는 것이다. 그 맛을 프로방스어로 "디 칼린 슨(Di calin soun)=포옹 같다"고 비유했다고 한다. 이렇게 말한 사람이 르네 1세라는 설과 쟌 드 라발 공주라는 설이 있지만, 프로방스어에서 나온 이름임을 생각하면 다른 지역에서 막 시집온 공주일 확률은 낮을 것 같다. 또 다른 하나는 다음과 같다. 1629년에 엑상 거리를 덮친 전염병 때문에 엑상의 대주교가 신도를 지키기 위해서 지역 수호신을 대신해 성찬식(예수의 살과 피를 상징하는 빵과 포도주를 나누는 의식)을 행했다. 그때 칼리송을 성배라는 뜻의 칼리스(Calice)에 넣어 빵 대신 나눠줬고, 칼리스의 프로방스어인 Calissoum가 '칼리송'으로 불리게 되었다는 설이다.

칼리송 (5cm×2.5cm 잎 모양 약 35개 분량)

재료
오렌지필…50g
살구 잼…30g
설탕…100g
아몬드 가루…100g

아이싱
| 슈거파우더…50g
| 달걀흰자…1작은술 내외

만드는 법
1 오렌지필과 잼을 푸드 프로세서로 곱게 갈아 페이스트 상태로 만든다.
2 작은 냄비에 설탕을 넣고 중불에 올려 투명한 시럽이 될 때까지 가열한다.
3 2를 불에서 내리고 아몬드 가루와 1을 넣어 나무 주걱으로 잘 섞는다.
4 3을 밀대로 6mm 두께로 밀고, 둥근 쿠키커터로 잎 모양이 되도록 만든다.
5 아이싱을 만든다. 슈거파우더에 달걀흰자를 조금씩 넣으면서 스푼으로 잘 섞어 크림 상태로 만든다. 달걀흰자는 소량만으로도 아이싱이 묽어지므로 과하게 넣지 않도록 주의한다. 너무 묽어졌을 경우는 슈거파우더를 더 넣는다.
6 4의 표면에 5를 얇게 바르고 유산지를 깐 오븐 팬에 나란히 놓는다.
7 150℃로 예열한 오븐에서 5~10분 굽는다.

ㅇ 아몬드 가루가 없다면 껍질을 벗긴 통아몬드를 사용해 만드는 법 1과 같이 푸드 프로세서로 갈아도 된다.

나베트
Navettes

남프랑스의 항구도시 마르세유의 소박한 과자

◇카테고리: 구움과자　◇상황: 티타임, 간식, 축하용 과자
◇지역: 프로방스알프코트다쥐르 지방　◇구성: 밀가루+버터+설탕

남프랑스 곳곳에서 볼 수 있는 오렌지 플라워 워터로 향을 입힌 잎사귀 모양의 구움과자다. 나베트는 '나룻배'라는 뜻인데, 나룻배라고는 해도 남프랑스에서는 길쭉하거나 널찍하기도 하고 쿠키 크기가 되기도 하는 등 모양도 다채롭고 식감 또한 다양하다. 하지만 남프랑스 중에서도 프랑스에서 가장 오래된 항구도시 마르세유의 나베트가 원조라고 할 수 있다.

13세기 무렵, 마르세유 해안에 마리아의 목상을 실은 나룻배가 표착했다. 마르세유 사람들은 이 목상을 숭배하며 성 빅토르 수도원에 모셨다고 한다. 이 전설과 지금으로부터 약 2천 년 이상 전에 나룻배로 남프랑스의 앞바다에 도착했다는 성모 마리아 전설에 감화되어 나룻배 모양 과자를 만들기 시작한 가게가 있다. 그곳이 수도원 바로 코앞에서 1782년(창업은 1781년)부터 나베트를 만드는, 마르세유에서 가장 오래된 빵집 '푸르 데 나베트(Four des navettes)'다. 성모 마리아의 정결례를 기념하는 축일인 2월 2일(샹들뢰르→P63)에는 성 빅토르 수도원에서 마리아의 목상이 운반되어 나오고 근처 광장에서 대주교에 의한 미사가 행해진다. 대주교는 푸르 데 나베트와 가마와 막 구워진 나베트를 향해 축복 기도를 올린다. 신도들은 녹색 밀랍과 감사의 나베트를 사 부적으로 1년간 소중히 보관하며, 1년 후 밀랍에 불을 붙여 먹는다고 한다. 놀랍게도 푸르 데 나베트의 나베트는 무려 1년이나 보관할 수 있는 것이다.

마르세유 제과점에서 팔고 있는 쿠키 크기의 나베트

나베트 (10~11cm×3cm 잎 모양　15개 분량)

재료	만드는 법
설탕…60g 물…2큰술 무염 버터(실온 상태)…80g 박력분…150g 소금…1꼬집 오렌지 플라워 워터…1/2큰술	1 작은 냄비에 설탕과 물을 넣고 중불에 올린다. 끓어오르면 약불로 줄이고 5분 졸인다. 2 볼에 버터를 넣고 거품기로 부드러워질 때까지 섞는다. 3 2에 박력분과 소금을 체로 쳐서 넣고 고무 주걱으로 자르듯이 섞는다. 4 3에 완전히 식은 1과 오렌지 플라워 워터를 넣고 매끄러운 반죽이 될 때까지 섞는다. 5 4를 15등분 한다. 박력분(분량 외)을 뿌리면서 길이 10~11cm의 막대기 모양으로 성형하고 양 끝을 집어 잎 모양으로 만든다. 중앙에 칼로 칼집을 낸다. 6 유산지를 깐 오븐 팬에 5를 가지런히 놓고 180℃로 예열한 오븐에서 15~20분 굽는다. ◦ 오렌지 플라워 워터가 없다면 레몬 혹은 오렌지 껍질 간 것을 1/2개 사용해도 된다.

트로페지엔

Tropézienne

별칭 / 타르트 트로페지엔(Tarte tropézienne)

크림을 넣은 브리오슈 케이크

◇카테고리: 발효 과자　◇상황: 디저트, 티타임, 간식
◇지역: 프로방스알프코트다쥐르 지방　◇구성: 브리오슈+커스터드 크림+샹티이+우박 설탕

지중해 연안의 항구도시 생트로페는 부유층의 별장이 즐비한 리조트 지역이다. 이 도시의 이름이 붙은 이 디저트는 프랑스를 대표하는 섹시 여배우였던 브리지트 바르도로부터 시작되었다. 1955년으로 거슬러 올라가, 폴란드인 알렉산드르 미카가 생트로페에서 제과점을 열었다. 이때 할머니의 레시피를 재구성해 '타르트 아 라 크렘(크림이 든 타르트)'라는 이름으로 크림을 넣은 브리오슈 케이크를 판매했다. 같은 해, 로제 바딤 감독의 〈순진한 악녀〉 촬영차 이곳을 방문했던 바르도가 이 디저트에 푹 빠져, 미카에게 "타르트 트로페지엔이라고 이름 짓는 건 어때요?"라고 제안했다고 한다. 바르도가 이름 붙인 이 디저트는 날개 돋친 듯 팔려 '라 타르트 트로페지엔'은 상표등록되었다. 미카의 라 타르트 트로페지엔은 우박 설탕을 뿌린 브리오슈에 커스터드 크림을 베이스로, 크림을 듬뿍 채워 넣는다. 물론 제조법은 기업 비밀이다.

지금은 물론 이름은 다르지만, 파리를 시작으로 프랑스 각지 제과점에서도 볼 수 있을 정도로 대표적인 프랑스 과자가 되었다.

트로페지엔 (지름 20~22㎝ 1개 분량)

재료

브리오슈
　미지근한 물(30~40℃)…2큰술
　인스턴트 드라이이스트…5g
　무염 버터…70g
　강력분…270g
　설탕…50g
　달걀…3개
　소금…1/2작은술
달걀…적당량
우박 설탕…적당량
커스터드 크림
　달걀노른자…2개 분량
　설탕…55g
　박력분…10g
　옥수수 전분…15g
　우유…300㎖
　바닐라빈…1/3개
샹티이
　생크림…100㎖
　설탕…1큰술

만드는 법

1　브리오슈 만드는 법 1~8까지를 만든다(→P171).
2　1이 2~3배로 부풀면 반죽을 주먹으로 누르면서 가스를 뺀다. 반죽을 원반형으로 성형해 유산지를 깐 오븐 팬에 올린다.
3　2의 표면에 달걀 푼 것을 바르고 우박 설탕을 뿌린다.
4　180℃로 예열한 오븐에서 25~30분 굽는다.
5　커스터드 크림을 만들고(→P226) 바로 랩을 씌워 냉장고에 둔다.
6　샹티이를 만든다(→P227).
7　다른 볼에 5의 1/2을 넣고 거품기로 섞어 매끄럽게 풀어주고, 6의 1/3을 넣고 잘 섞는다.
8　7을 6에 다시 넣고 고무 주걱으로 거품이 꺼지지 않도록 재빨리 섞어 원형 모양 깍지를 끼운 짤주머니에 채운다.
9　완전히 식은 4를 가로로 반 자르고 그사이에 균일한 두께가 되도록 8을 소용돌이 모양으로 짠다.

○ 커스터드 크림은 반만 사용하기 때문에 1/2 분량의 재료로 만들어도 된다.
○ 브리오슈 만드는 법 5에서 소금과 함께 오렌지 플라워 워터 1큰술을 넣으면 본고장 맛에 가까워진다.

피아돈
Fiadones

코르시카섬에서 탄생한 구운 치즈 케이크

◇카테고리: 치즈 과자　◇상황: 디저트, 티타임, 간식
◇지역: 코르스 지방　◇구성: 밀가루+달걀+설탕+프레시 치즈

코르시카섬에서 만드는, 코르시카어로 브로츄(Brocciu)라는 프레시 치즈를 사용한 치즈 케이크다. 브로츄는 기본적으로 양젖(염소젖을 사용하기도 함)으로 만드는데 코르시카 요리에는 빠질 수 없는 식재료다. 이 두 가지 젖을 짤 수 있는 기간이 정해져 있기 때문에 우유로 만드는 경우도 적지 않다. 브로츄에 코르시카산 마르주(증류주의 일종)와 설탕을 뿌린, 가장 단순한 이 디저트는 본고장에서만 맛볼 수 있는 일품이리라. 브로츄는 AOP 인증을 받은 유서 깊은 프레시 치즈다. 치즈를 만든 후에 남는 유청으로(우유를 추가하는 경우도 있음) 만들기 때문에 계통으로 치자면 이탈리아의 리코타 치즈에 가깝다. 이 책에서도 리코타로 대체하는 레시피를 게재했다.

브로츄의 역사는 기원전까지 거슬러 간다고 한다. 그러다가 시간이 흐르면서 이 치즈를 사용해 케이크를 만들게 된 것이 아닐까 한다. 옛날에는 결혼식이나 세례식 등 축하 행사가 있을 때 쿠키 같은 작은 과자를 먹었다고 한다. 레몬 껍질로 향을 입히기도 하고 레몬의 원종이라 알려진 세드라를 설탕에 버무려 잘게 썬 것을 넣기도 했다. 피아돈은 반죽 등을 깔지 않고 부드럽게 완성하는데 코르시카의 중심 도시인 아작시오에서는 임브루시아타(Ambrucciata 혹은 Imbrucciata로 표기할 때도 있음)로 불리는 반죽을 깔고 타르트풍으로 완성한 것을 팔기도 한다.

코르시카섬에서 파는
양 마크가 붙은 브로츄

피아돈 (지름 9㎝ 원형 틀 6개 분량)

재료

리코타 치즈…250g
설탕…50g
레몬 껍질(간 것)…1/2개 분량
달걀…3개
박력분…40g

만드는 법

1 알루미늄 포일을 정사각형인 30㎝ 크기로 6장 잘라 종이를 접어 상자를 만드는 요령으로 지름 9㎝, 높이 2㎝인 원형 틀을 6개 만든다.
2 볼에 리코타 치즈를 넣고 거품기로 매끄러운 상태가 될 때까지 풀어준다.
3 2에 설탕 30g, 레몬 껍질을 넣고 잘 섞는다.
4 달걀은 노른자와 흰자로 분리해, 노른자는 3에 넣고 잘 섞는다. 흰자는 다른 볼에 넣는다.
5 4의 흰자를 거품기로 뽀얗게 될 때까지 잘 섞는다. 남은 설탕을 넣고 뿔이 단단하게 서는 정도가 될 때까지 휘핑한다.
6 4에 5의 1/3을 넣고 거품기로 고루 섞는다. 박력분을 체로 쳐서 넣고, 날가루가 보이지 않을 때까지 고무 주걱으로 섞는다.
7 6에 남은 5를 두 번에 나누어 넣고, 거품이 꺼지지 않도록 재빨리 섞는다.
8 1에 7을 붓고 180℃로 예열한 오븐에서 약 35분 굽는다.

기본 반죽 ※재료 분량은 과자에 따라 달라질 수 있다.

슈 반죽
피트 이 슈(Pâtc à choux)

재료
무염 버터(실온 상태)…45g
박력분…45g
물…100㎖
소금…1/5작은술
달걀(실온 상태)…2개

만드는 법
1 버터는 2㎝ 크기로 깍둑썰고 박력분은 체로 친다.
2 냄비에 물, 소금, 1의 버터를 넣고 중불에 올려 나무
   주걱으로 섞으면서 버터를 녹인다.
3 버터가 완전히 녹으면 불에서 내리고 1의 박력분을
   한꺼번에 넣고 날가루가 보이지 않을 때까지 섞는다.
4 다시 중불에 올려 수분을 날리면서 계속 저으며
   섞다가 반죽이 냄비 바닥에서 분리되고 냄비 바닥에
   얇은 막이 생기면 불에서 내리고 볼에 옮겨 담는다.
5 따뜻할 때 달걀 1개를 넣고 완전히 섞는다.
6 남은 달걀은 잘 풀고 반죽의 되기를 보면서 5에
   조금씩 넣고 섞는 동작을 반복한다. 나무 주걱으로
   들어 올린 반죽이 새 부리 같은 모양의 되직함이 되면
   된다.

* 슈 반죽은 따뜻할 때 짜서 구워야 한다. 식으면 덜 부푼다.

이 책에서 사용하는 과자
살람보→P20
슈케트→P23
프로피트롤→P122

접이형 파이 반죽
파트 피유데(Γâte feuilletée)

재료
데트랑프
| 무염 버터…30g
| 강력분…75g
| 박력분…75g
| 소금…4g
| 찬물…80㎖
무염 버터(실온 상태)…130g

만드는 법
1 데트랑프를 만든다. 버터는 1㎝ 크기로 깍둑썬다.
2 볼에 체 친 강력분과 박력분, 소금과 1을 넣고 가루와
   함께 버터를 손으로 으깨가며 섞는다.
3 2에 찬물을 넣어 섞으면서 한 덩어리로 뭉치고,
   랩으로 감싸서 냉장고에 15분 이상 넣어둔다.
4 버터 130g을 랩으로 싸서 밀대로 두드려 부드럽게
   만든다. 약 12㎝ 정도의 정사각형으로 만들고
   냉장고에 넣어둔다.
5 작업대 위에 덧가루(강력분/분량 외)를 뿌리고
   3을 밀대로 4가 감싸지는 크기인 정사각형이 되도록
   민다.
6 5의 중앙에 4를 놓고, 네 꼭지를 중심을 향해 접듯이
   꼼꼼히 감싼다.
7 6을 세로로 길게 밀어 3절접기한다. 반죽을 90도로
   회전시켜 다시 세로로 길게 밀어 3절접기한다. 랩으로
   감싸 냉장고에 30분 넣어둔다.
8 7을 세로로 길게 밀어 3절접기한다. 반죽을 90도로
   회전시켜 다시 세로로 길게 밀어 3절접기한다.

○ 냉동해둔 접이형 파이 반죽은 사용하기 전날에 냉장고에 넣어
   자연해동시킨다.

이 책에서 사용하는 과자
팔미에→P86
사크리스탱→P87
다르투아→P168
브루들로→P172
피티비에→P190

반죽형 파이 반죽
파트 브리제(Pâte brisée)

재료
무염 버터…70g
박력분…150g
소금…1/2작은술
설탕…1큰술
식용유…1/2큰술
찬물…1~3큰술

만드는 법
1 버터는 1㎝ 크기로 깍둑썬다.
2 볼에 박력분을 체로 쳐서 넣고 소금, 설탕, 1을 넣어 가루를 묻혀가면서 버터를 손으로 으깨며 섞는다.
3 2에 식용유, 찬물 1큰술을 넣고 섞으면서 한 덩어리로 뭉친다. 잘 뭉쳐지지 않을 때는 남은 찬물을 조금씩 넣는다.
○ 가염버터를 사용할 경우, 소금은 1/5작은술로 줄인다.

이 책에서 사용하는 과자
타르틀레트 핀 오 폼→P29
타르트 오 폼→P108
타르트 타탱→P110
타르트 오 쉬크르→P166
미를리통 드 루앙→P174
투토토 프로마제→P208

타르트 반죽
파트 쉬크레(Pâte sucrée)

재료
무염 버터(실온 상태)…50g
슈거파우더…30g
소금…1꼬집
달걀노른자…1개 분량
박력분…100g
우유…1작은술

만드는 법
1 볼에 버터를 넣고 거품기로 부드러워질 때까지 푼다.
2 1에 슈거파우더와 소금을 넣고 뽀얗고 폭신해질 때까지 섞는다.
3 2에 달걀노른자를 넣고 잘 섞는다.
4 3에 박력분을 체로 쳐서 넣는다. 날가루가 보이지 않을 때까지 고무 주걱으로 자르듯이 섞고, 손으로 한 덩어리로 뭉친다. 잘 뭉쳐지지 않을 때는 우유를 넣는다.
5 4가 뭉쳐지면 손등을 이용해 볼 옆면에 누르듯이 1분간 치댄다.
○ 세르클 틀로 구울 때, 굽는 도중에 반죽이 부풀어 오르면 오븐을 재빨리 열어 고무 주걱 등으로 바닥을 눌러서 평평하게 한다.

이 책에서 사용하는 과자
타르트 오 프뤼이→P34
타르트 오 시트롱→P36

기본 크림과 소스 ※재료 분량은 과자에 따라 달라질 수 있다.

커스터드 크림
크렘 파티시에르(Crème pâtissière)

재료
달걀노른자…2개 분량
설탕…55g
박력분…10g
옥수수 전분…15g
우유…300㎖
바닐라빈…1/3개

만드는 법
1 볼에 달걀노른자를 넣어 잘 풀어주고 설탕 절반,
  박력분, 옥수수 전분을 순서대로 넣으면서 거품기로
  잘 섞는다.
2 냄비에 우유, 남은 설탕, 긁어낸 바닐라빈의 씨와
  분리한 깍지까지 넣고 중불에 올린다.
3 끓기 직전에 불을 끄고 1에 조금씩 넣으면서 섞는다.
4 전부 다 넣었다면 다시 냄비에 넣고 약불에 올린다.
  걸쭉해질 때까지 거품기로 섞는다. 표면에 생기는
  잔거품이 없어지면 한순간에 걸쭉해진다.
5 한 김 식으면 바닐라빈 깍지를 버린다.

이 책에서 사용하는 과자
살람보→P20
타르트 오 프뤼이→P34
사바랭→P42
트로페지엔→P220

커스터드 소스
크렘 앙글레즈(Crème anglaise)

재료
달걀노른자…3개 분량
설탕…60g
박력분…1작은술
우유…500㎖
바닐라빈…1/2개

만드는 법
1 볼에 달걀노른자를 넣어 잘 풀어주고 설탕 절반,
  박력분을 순서대로 넣으면서 거품기로 잘 섞는다.
2 냄비에 우유, 남은 설탕, 긁어낸 바닐라빈의 씨와
  분리한 깍지까지 넣고 중불에 올린다.
3 끓기 직전에 불을 끄고 1에 조금씩 넣으면서 섞는다.
4 전부 다 넣었다면 다시 냄비에 넣고 약불에 올린다.
  냄비 바닥에 고무 주걱으로 8자를 그리면서 걸쭉해질
  때까지 섞는다. 표면에 생기는 잔거품이 없어지면
  한순간에 걸쭉해진다.
5 한 김 식으면 바닐라빈 깍지를 버린다.

이 책에서 사용하는 과자
외프 아 라 네주→P94

샹티이
크렘 샹티이(Crème Chantilly)
별칭 / 크렘 푸에테 쉬크레(Crème fouettée sucrée)

재료
동물성 생크림…100㎖
설탕…10g

만드는 법
1 크기가 다른 볼을 2개 준비한다.
2 큰 볼에 얼음물을 넣고 그보다 조금 작은 볼에 생크림과 설탕을 넣는다.
3 얼음물을 받친 볼에 생크림을 넣고 용도에 맞는 농도가 될 때까지 거품기로 휘핑한다.

○ 생크림 100㎖에 설탕 10g이 적당하지만, 조합하는 것과 취향에 따라 조절한다.
○ 동물성 생크림은 걸쭉해지기 시작하면 순식간에 거품이 퍼석해지기 때문에 때문에 상태를 보면서 섞는다.

이 책에서 사용하는 과자
타르트 오 시트롱→P36
페슈 멜바→P118
쇼콜라 리에주아→P121
마르즈렌→P202
트로페지엔→P220

캐러멜 소스
카라멜(Caramel)

재료
설탕…250g
레몬즙…1/2큰술
물…4큰술
뜨거운 물…100㎖

만드는 법
1 작은 냄비에 설탕과 레몬즙을 넣은 다음 설탕이 젖을 수 있도록 물을 두르고 중불에 올린다.
2 1이 캐러멜색이 되면 뜨거운 물을 붓고 냄비를 흔들면서 녹인다. 캐러멜이 이리저리 튀기 때문에 화상에 주의한다.

○ 유리 용기에 넣어 냉장고에서 한 달 동안 보관할 수 있다.

이 책에서 사용하는 과자
외프 아 라 네주→P94

파이에 대하여

이 책에서는 편의상 '파이'라는 단어를 사용하지만 파이는 영어라 프랑스어에는 없는 단어다. 프랑스에서는 접이형 혹은 반죽형 파이 반죽을 사용하더라도 반죽이 바닥과 측면에만 있는 것을 '타르트', 윗면까지 덮여 있는 것을 '투르트'라고 한다. 즉, '투르트=파이'가 되지만, 파이 반죽을 투르트 반죽이라고는 하지 않는다. 이 책에서는 접이형 파이 반죽(파트 푀이테)과 반죽형 파이 반죽(파트 브리제) 두 종류를 소개하여 '파이 반죽' 혹은 저마다의 한국어 명칭으로 표기했다.

타르트에 대하여

이 책에서는 타르트 반죽을 한 종류만 소개했지만 프랑스에서는 만드는 법이나 배합에 따라 파트 쉬크레, 파트 사블레(Pâte sablée), 파트 아 퐁세(Pâte à foncer) 등 여러 가지가 있다. 파트 쉬크레는 모든 재료를 고루 섞는, 이른바 쿠키 반죽과 비슷하다. 파트 사블레는 바삭바삭한 식감을 내기 위해 글루텐 형성을 억제해야 해서 재료를 합친 후에 과하게 치대지 않는다. 파트 아 퐁세는 '(틀에) 깔기 위한 반죽'이라는 뜻으로 반죽형 파이 반죽(→P225)에 달걀 노른자를 넣어 만든다.

그 외 반죽과 크림 등

그 외 반죽

○ 스펀지 반죽
파트 아 제누아즈(Pâte à génoise)
◇별칭 / 비스퀴 제누아즈(Biscuit génoise)
◇구성: 달걀+설탕+밀가루

쇼트케이크를 만들 때 사용하는 스펀지 반죽을 말한다.
달걀에 설탕을 넣어 중탕하면서 뽀얗게 될 때까지
거품을 내는 '공립법'으로 만든다. 촉촉하게 만들기 위해
녹인 버터, 식용유, 우유 등을 소량 넣는 레시피도 있다.
밀가루 일부를 코코아파우더로 바꾸면 초콜릿 스펀지
반죽이 된다.

○ 비스킷 반죽
파트 아 비스퀴(Pâte à biscuit)
◇구성: 달걀+설탕+밀가루

스펀지 반죽의 총칭이지만, 달걀노른자와 흰자에
따로따로 설탕을 넣어 거품을 내는, '별립법'으로 만드는
반죽을 가리킬 때가 많다. 짤주머니로 막대기 모양으로
짜면 핑거 비스킷, 비스퀴 아 라 퀴이에르(Biscuit à la
cuillère)가 된다. 오븐 팬에 부어 구운 반죽에 크림을
채워 말면 롤 케이크인 비스퀴 룰레(Biscuit roulé)가 된다.

○ 조콩드 반죽
비스퀴 조콩드(Biscuit joconde)
◇구성: 달걀+설탕+밀가루+아몬드 가루+슈거파우더+녹인 버터

달걀과 달걀노른자에 박력분, 아몬드 가루, 슈거파우더를
합친 것을 넣고 되직해질 때까지 거품을 낸다.
달걀흰자와 설탕은 다른 볼에 넣어 휘핑해 머랭을
만든다. 앞의 반죽에 머랭과 녹인 버터를 넣고 시트
모양으로 구우면 완성이다. 명화〈모나리자〉를
프랑스어로 '라 조콩드'라 하는데 왜 이 반죽과 같은
이름인지에 관해서는 여러 설이 있다.

○ 다쿠아즈 반죽
비스퀴 다쿠아즈(Biscuit dacquoise)
◇별칭: 비스퀴 쉭세(biscuit succès, 쉭세 반죽)
◇구성: 달걀흰자+설탕+견과류 가루+밀가루+슈거파우더

달걀흰자와 설탕을 휘핑해 머랭을 만들고 견과류
가루(아몬드나 헤이즐넛)를 넣고 섞어서 구운 반죽이다.
박력분과 슈거파우더를 더한 레시피도 있다. 반죽을
지름 20㎝ 정도의 소용돌이 모양으로 두 장을 짜서 굽고,
프랄린 맛(→P229) 버터크림을 넣으면 다쿠아즈 또는
쉭세라는 고전 과자가 된다. 하지만 지금은 과자 시트로
쓰기 위해 굽는 경우가 많다.

그 외 크림 등

○ 아몬드 크림
크렘 다망드(Crème d'amandes)
◇구성: 버터+설탕+달걀+아몬드 가루

위 재료를 순서대로 섞은 것이다. 수분을 흡수시키기
위해 박력분을 추가하기도 한다. 타르트나 파이 필링으로
사용한다.

○ 프랑지판 크림
크렘 프랑지판(Crème frangipane)
◇구성: 아몬드 크림+커스터드 크림

아몬드 크림을 단독으로 사용할 때보다 수분이 더
많아지기 때문에 촉촉하게 구울 수 있다.

○ 버터크림
크렘 오 뵈르(Crème au beurre)
◇구성: 달걀노른자(혹은 달걀흰자)+설탕+버터

만드는 법에는 여러 가지가 있지만, 어떤 형식으로든
달걀을 가열한다. 기본적인 방법을 설명하자면
달걀노른자에 뜨거운 시럽을 조금씩 넣으면서 전체가
식을 때까지 거품을 낸다(파트 아 봉브→P228). 식은
내용물에 부드럽게 푼 버터를 넣으면서 매끄럽게 섞는다.
이 책에서는 시럽을 슈거파우더로 대신하는 간단한
레시피를 소개했다.

○ 모슬린 크림
크렘 무슬린(Crème mousseline)
◇구성: 커스터드 크림+버터크림

농후하면서도 고전적인 조합의 크림이다. 버터크림 대신
버터를 넣는 예도 있다.

○ 레제르 크림
크렘 레제르(Crème légère)
◇별칭 / 크렘 마담(Crème madame),
　　　　크렘 프랭세스(Crème princesse)
◇구성: 커스터드 크림+휘핑한 생크림

슈크림 등에 채우는, 한국에서도 인기 있는 크림이다.
크렘 레제르는 '가벼운 크림'이라는 뜻이다.

○ 시부스트 크림
크렘 시부스트(Crème Chiboust)
◇구성: 커스터드 크림+이탈리안 머랭

역사상 유명한 제과 장인인 시부스트가 고안한 크림.

○ 파트 아 봉브
Pâte à bombe

◇별칭 / 아파레유 아 봉브(Appareil à bombe)

◇구성: 달걀노른자+시럽

달걀노른자에 뜨거운 시럽을 조금씩 넣으면서 전체가 식을 때까지 거품을 낸다. 달걀노른자에 상온의 시럽을 넣고 중탕하면서 거품을 내는 방법도 있다. 단독으로 사용하는 경우는 거의 없고 버터크림이나 초콜릿 무스 등에 넣는다.

○ 가나슈 크림
크렘 가나슈(Crème ganache)

◇별칭 / 가나슈(Ganache)

◇구성: 초콜릿+생크림

초콜릿과 생크림을 1:1로 섞은 크림으로 어떻게 완성하고 싶은지에 따라 생크림 일부를 우유로 바꾸거나 버터를 추가하기도 한다. 봉봉 오 쇼콜라(한입 크기 초콜릿)의 필링이 되기도 한다.

○ 프랄린 페이스트
파트 드 프랄리네(Pâte de praliné)

◇별칭 / 프랄리네(Praliné)

◇구성: 아몬드+헤이즐넛+설탕

캐러멜을 버무리면서 구운 아몬드와 헤이즐넛을 페이스트 상태로 만든 것이다. 프랄린 맛이란 기본적으로 '구운 견과류와 캐러멜 맛'이다. 견과류 배합에 따라서는 헤이즐넛 맛이 강하게 느껴진다. 직접 만들 수도 있지만 시판 제품을 사용하는 것이 일반적이다. 모 대기업 브랜드에서는 아몬드와 헤이즐넛이 25%씩 든 프랄린(Praliné amande noisette 50%)이라는 상품명으로 판매하고 있다. 프랄린 가나슈(프랑스어로는 가나슈 프랄리네)에는 초콜릿과 생크림으로 가나슈를 만드는 과정에서 프랄린을 추가하는 방법과 프랄린 맛 초콜릿과 생크림으로 가나슈를 만드는 방법이 있다.

○ 누가틴
Nougatine

◇구성: 캐러멜+아몬드 잘게 부순 것

캐러멜이 아직 액체 상태일 때, 얇게 펼쳐 굳히고 좋아하는 모양으로 잘라서 사용한다.

○ 글라스 루아얄
Glace royale

슈거파우더, 레몬즙, 달걀흰자를 섞어 만든 아이싱이다.

○ 퐁당
Fondant

고온에 졸인 시럽을 하얗게 재결정화될 때까지 반죽한 것으로, 직접 만들 수도 있지만 시판 제품을 사용하는 것이 일반적이며 고전 과자에는 빼놓을 수 없다.

○ 나파주
Nappage

'감싸다'라는 뜻의 나페(Napper)가 어원으로, 케이크를 뒤덮기 위한 재료나 기술을 의미한다. 본뜻으로 보면 케이크를 감싸는 것이라면 뭐든 괜찮으며, 요즘에는 그렇게 사용하는 경우가 많다. 그러나 이전에는 주로 제과용 살구 잼이나 라즈베리 잼 등을 바르고 타르트나 케이크에 광택을 내는 것을 가리켰다. 나파주 뇌트르(Nappage neutre)는 무색투명한 젤리 같은 것이라서 무색으로 광택을 낼 수 있다.

○ 글라사주
Glaçage

'설탕 옷을 입히다'라는 뜻의 글라세(Glacer)가 어원이다. 본뜻으로 보자면 설탕을 원재료로 한 글라스 루아얄과 퐁당을 코팅하는 느낌이지만, 최근에는 나파주처럼 넓은 의미로 케이크를 뒤덮기 위한 재료나 기술을 가리키게 되었다. 글라사주 미루아르(Glaçage miroir)는 미루아르(거울)처럼 반들반들한 글라사주를 말하며, 코코아파우더나 초콜릿으로 만들어 갈색인 것도 쉽게 찾을 수 있다.

재료에 대하여

가루류

○ 밀가루는 글루텐 함량에 따라 적은 순으로 '박력분', '중력분', '강력분'으로 나누는데, 일반적으로 제과에는 박력분을, 이스트를 사용하는 발효 반죽에는 강력분을 사용한다. 반면 프랑스의 밀가루는 회분(미네랄 성분) 함량에 따라 분류한다. 예를 들어 'Type45'인 밀가루라면 100g당 회분이 0.45g 포함되어 있다는 뜻이다. Type45에서 Type150까지 있다(번호는 띄엄띄엄 있음). 회분이 많을수록 가루는 갈색을 띠며, 글루텐 함량도 많아진다. 회분이 적으면 흰 가루가 되고 글루텐 함량도 줄어든다. 제과용이라면 Type45나 Type55, 제빵용이라면 Type65 이상인 제품을 쓰는 것이 좋다*. 봉투에 '케이크용(Farines pour gâteaux)'이라고 적힌 제과 전용 밀가루도 있다.

○ 전분은 녹말도 있지만 옥수수 전분이 일반적이다. 마이제나(Maïzena)라는 옥수수 전분 브랜드가 있는데, 이 이름이 옥수수 전분의 대명사가 되어 레시피에도 '마이제나'라고 표기할 정도다.

○ 베이킹파우더는 11g씩 낱개 포장하여 한 묶음으로 판매하고 있다. 밀가루 500g에 1봉지를 사용하는 것이 기준이다. 이스트는 덩어리로 된 생이스트와 가루로 된 인스턴트 드라이이스트가 있다. 가루 상태는 베이킹파우더와 마찬가지로 낱개 포장되어 있다.

* 프랑스의 Type45는 박력분, Type55는 중력분, Type65/80은 강력분에 가깝다.

당류

○ 설탕에 관해서는 P167에서 자세히 설명했다. 프랑스의 백설탕은 촉촉한 단맛, 그래뉴당은 산뜻한 단맛을 낼 수 있으나 국내에서는 따로 구분하지 않고 흰 설탕을 사용한다.

○ 꿀은 아카시아 꿀이 상온에서도 액체 상태로 유지되고 독특한 향도 없어 사용하기 좋다. 밤나무 꿀 등, 향이 독특한 꿀은 그 특징을 살려 사용할 때가 많다. 남프랑스에서는 라벤더나 자생 허브 꿀 등을 많이 사용한다.

달걀

프랑스의 달걀은 껍질째 중량을 잰 기준으로 S(53g 미만), M(53~63g), L(63~73g), XL(73g 초과)로 분류한다. 이 책에서는 껍질째 중량이 60g 정도의 달걀(특란 사이즈)을 사용했다. 60g의 무게 중 껍질 10g, 흰자 30g, 노른자 20g의 비율로 계산할 수 있음으로 달걀노른자 1개는 약 20g이 된다.

우유

프랑스는 지방 함량에 따라 우유를 세 종류로 나누는데, 리터당 지방 함량이 3.5% 이상인 것은 전지유(포장이 빨강), 1.7% 전후는 저지방 우유(파랑), 0.5% 이하는 무지방 우유(녹색)로 분류한다. 음료용으로는 저지방 우유가 일반적이지만, 제과용으로는 전지유를 사용하면 좋다.

생크림

프랑스 생크림은 크렘 프레슈(crème fraîche)라고 하며, 물론 '생크림'이라는 뜻이다. 두 종류로 나뉘는데 하나는 발효된 가벼운 산미가 있는 걸쭉한 타입, 또 다른 하나는 아무 맛도 없는 가벼운 형태로, 일반적인 생크림과 같은 타입이다. 이 두 가지에는 각각 전지방(30% 이상)과 저지방(12~30%)이 있다.

그 외 유제품

○ 일반적으로 프랑스의 요거트는 플레인 타입이더라도 작은 용기에 125g씩 넣어 낱개로 판매한다. 가토 오 야우르트(→P142)에는 이 용기로 계량하는 레시피도 있다.

○ 프로마주 블랑은 '흰색 치즈'라는 의미의 프레시 치즈로, 매끄러운 요거트 같은 질감이다. 프로마주 프레는 '프레시 치즈'라는 뜻이지만, 프로마주 블랑보다는 입자가 굵고 포슬포슬한 것이 많다. 프랑스 치즈 케이크는 우유, 염소젖, 양젖을 사용한 프로마주 블랑이나 프로마주 프레로 만든다.

유지류

○ 프랑스인이 요리에 사용하거나 빵에 바르는 버터는 무염이다. 다만 최근에는 브르타뉴에서 만든 가염버터가 유행하면서 고급 레스토랑이나 카페에서도 제공하고 있다. 어쩌면 가정에서도 가염버터를 사용하게 될지도 모른다. 이 책에서는 '무염 버터', '가염버터', 어느 쪽이어도 상관없으면 '버터'로 구분해 표기했다.

○ 프랑스에서는 식용유로 유채유나 해바라기유 등 단일 작물로 만든 유지를 사용하는 것이 일반적이다. 집에서 따라 만들 때도 맛과 향이 튀지 않는 단일 작물 유지 혹은 샐러드유를 사용하는 것이 좋다.

과일

과일에 관해서는 P207에서 자세히 설명했다.

견과류, 건과일, 당절임 과일

○ 프랑스에서 사용 빈도가 높은 견과류는 아몬드와 헤이즐넛이다. 이 두 종류의 견과류로 만드는 프랄린 페이스트(→P229)나 피스타치오 페이스트 등도 과자를 만들 때 자주 사용된다. 지방에 따라서는 호두, 잣 등도 쓰인다.

○ 프랑스에서 사용 빈도가 높은 건과일은 건포도, 자두, 살구 등이다. 그 외에 말린 사과, 서양배, 복숭아 등도 사용한다. 당절임 과일은 드레인 체리, 오렌지필, 안젤리카 등이 있다. 안젤리카는 미나릿과 식물로 약효와 살균 효과가 있다고 하여 귀하게 여겨졌다. 프랑스에서는 푸아투샤랑트 지방(→P150)의 니오르산이 유명하다.

초콜릿류

○ 프랑스에서는 약 200g의 큼직한 제과용 초콜릿이 슈퍼마켓의 과자 판매대에 진열되어 있다. 초콜릿 포장지에 요리(Cuisine), 과자(Pâtisserie), 디저트(Dessert)라고 적혀 있다. 특별히 지정하지 않는 한, 카카오 함량이 많은 다크 초콜릿인 쇼콜라 누아르(Chocolat noir)를 사용한다. 맛이 진하다는 것을 뜻하는 Corsé나 Intense라고 적힌 것이면 더욱더 좋다.

○ 코코아파우더는 프랑스에도 무가당과 가당이 있으며 제과용에는 무가당을 사용한다.

알코올

자주 사용되는 것은 럼과 키르슈. 쿠앵트로(무색투명)와 그랑 마니에(갈색)가 오렌지 향이 나는 프랑스의 2대 명주다. 지방 과자에는 아르마냑 등의 브랜디도 사용한다.

스파이스, 향료

프랑스다운 향료라 하면 바닐라다. 요즘은 바닐라빈을 사용하는 사람도 늘었지만 아직까지 바닐라 슈거(하기 참조)가 더 잘 쓰이며 프랑스에서는 바닐라 에센스보다 대중적이다. 스파이스는 시나몬이나 클로브 정도를 들 수 있다. 아니스 씨는 알자스나 프랑스 남부에서 잘 사용되는 스파이스다.

프랑스다운 것

○ 바닐라 슈거는 바닐라 향을 입힌 베이지색 설탕으로, 오래된 레시피일수록 이 설탕을 사용한 것이 많다. 베이킹파우더와 마찬가지로 11g씩 낱개 포장하여 한 묶음으로 판매하고 있다.

○ 슈케트(→P23)나 트로페지엔(→P220)에 사용하는 우박 설탕도 프랑스다운 것이다.

○ 오렌지 플라워 워터(Eau de fleur d'oranger)는 오렌지 꽃에서 추출한 투명한 액체의 향료다. 프랑스 남부에는 이것으로 향을 입힌 과자가 많다.

○ 비스퀴 아 라 퀴이에르(핑거 비스킷)는 별칭인 부두아(Boudoir)로 불리기도 하며 샤를로트(→P112) 등을 만들 때는 주로 시판용 제품을 사용한다. 슈퍼마켓 과자 판매대에서 살 수 있다.

왼쪽부터 베이킹파우더, 비스퀴 아 라 퀴이에르, 오렌지 플라워 워터

프랑스 과자의 역사

중세

11~12세기
─우블리(Oublie)와 고프르(Gaufre)(→P162)
와플의 원형, 격자무늬가 찍힌 과자
─에쇼데(Échaudé)
반죽을 익힌 후에 구운 작은 과자
─쟁블레트(Gimblette)
아니스로 향을 입힌 링 모양의 구움과자
─뇌레(Nieule)
크래커 같은 구움과자, 현재는 Nieulle라고 쓴다

13~14세기
─팽 데피스(Pain d' épices)(→P192)
스파이스 브레드
─타르트 오 폼 드 타유방
(Tarte aux pommes de Taillevent)(→P109, 235)
타유방의 사과 타르트(반죽형 파이 반죽)
─플랑(Flan 또는 Flaon)(→P26)
─다리올(Dariole)
원통형의 구움과자
─탈무즈(Talmose)(→P28)
프레시 치즈를 필링으로 채운 파이 같은 것, 현재는
Talmouse라 표기한다
─리 오 레 드 성 루이
(Riz au lait de Saint-Louis)(→P104)
성 루이(루이9세)의 쌀 우유죽
─가토 드 사부아(Gâteau de Savoie)(→P204)
현재는 비스퀴 드 사부아(Biscuit de Savoie)라고도
불린다

15세기
─파트 아 쇼(Pâte à chaud)(→P14)
슈 반죽의 원형

르네상스

16세기
─크렘 프랑지판
(Crème frangipane)(→P228)
아몬드 크림과 커스터드 크림을 합친 크림
─크렘 푸에테(Crème fouettée)
설탕을 넣지 않고 휘핑한 생크림
─브리오슈(Brioche)(→P170)
─가토 데 루아(Gâteau des Rois)
갈레트 데 루아(→P62, 63)의 전신

화려한 궁정 문화

제과 장인들의 기술이 본격적인 형태를 갖추기 시작한 시대

17세기
1650년
─타르틀레트 아망딘 드 라그노
(Tartelette amandine de Ragueneau)(→P30)
라그노의 자그마한 아몬드 크림 타르트

1653년
─루르트 두 오 폼
(Tourte d'œufs aux pommes)(→P227)
사과 달걀 파이
─크렘 파티시에르
(Crème pâtissière)(→P226)
커스터드 크림
─마카롱(Macaron)(→P78)

1691년
─크렘 브륄레 드 마시알로
(Crème brûlée de Massialot)(→P96, 234)
마시알로의 크렘 브륄레

18세기
1725년
─쿠겔홉프(Kugelhopf)(→P152)
쿠글로프

1730년
─바바 오 럼(Baba au rhum)(→P40)
럼 시럽을 머금은 바바

1735년
─퓌이 다무르 뱅상 라 샤펠
(Puits d'amour de Vincent La Chapelle)(→P27, 235)
뱅상 라 샤펠의 퓌이 다무르

1739년
─비스퀴 아 라 퀴이에르 드 므농
(Biscuit à la cuillère de Menon)(→P231, 235)
므농의 핑거 비스킷
─비스퀴 드 쇼콜라 드 므농
(Biscuit de chocolat de Menon)
므농의 초콜릿 케이크

1755년
─마들렌(Madeleine)(→P72)

18세기 말
─페 드 논냥(Pets de nonnain)(→P189)
현재는 페 드 논(Pets de nonne)이라 불린다.
─샤를로트(Charlotte)(→P112)

혁명에서 동란기

프랑스 장인 리스트

※ 책에 등장하는 장인과 가게명을 알파벳순으로 나열했다.

앙투안 퓌르티에르 (1619-1688)
Antoine Furetière
문학자, 소설가, 시인
파리 출생으로 아카데미프랑세즈(→P13)의 회원이 되어 사전
편찬에 참여했지만, 더디게 진행되는 속도에 견디다 못해
스스로 프랑스어 사전을 출간했다.

앙토냉(마리 앙투안) 카렘 (1784-1833)
Antonin(Marie-Antoine) Carême
제과 장인, 조리장
본명은 마리 앙투안이지만 일반적으로 '앙토냉'으로 알려져
있다. '셰프의 왕이자, 왕의 셰프(Le roi des chefs et le chef des
rois)'라 불렸던 인물. 외교관 탈레랑의 직속 셰프로 활약한 이후에
영국, 러시아, 오스트리아 황태자와 황제 등에게 고용되었고,
마지막에는 대부호 로스차일드 가문에서 일했다. 그가 프랑스
요리계, 제과계에 끼친 영향은 어마어마하며 현재도 계승되는
레시피와 도구는 셀 수 없다. 《파리의 궁정 제과 장인(Le Pâtissier
Royal Parisien)》(1815년), 《프랑스의 지배인(Le Maître d'Hôtel
Français)》(1822년) 등 다수의 저서를 남겼다.

오귀스트 에스코피에 (1846-1935)
Auguste Escoffier
조리장
앙토냉 카렘 이후 '셰프의 왕이자, 왕의 셰프'라 불렸던 인물.
에스코피에의 최대 공적은 19세기에 카렘이 만들어낸
프랑스 요리 기법을 바탕으로, 장식 요소가 많았던 요리를
단순하고 체계적으로 정리함으로써 현대 프랑스 요리의
기초를 확립했다는 점이다. 호텔왕 세자르 리츠와 만나 유명
호텔의 조리장을 역임하면서 새로운 요리를 많이 고안했다.
에스코피에가 1903년에 저술한 《요리 안내서(Le Guide
Culinaire)》는 지금도 요리인의 바이블로 인정받고 있다.

오귀스트 쥘리앵 (19세기)
Auguste Jullien
제과 장인
출생지와 살아온 정확한 시대 등 자료는 부족하다. 쥘리앵
삼형제 중 둘째로 태어났으며 형인 아르튀르, 동생 나르시스도
제과 장인이었다. 쥘리앵은 포부르 생토노레 거리의 유명
제과점 '시부스트'에서 셰프 파티시에를 맡은 후, 형과 함께
부르스(증권거래소) 광장 근처에서 제과점을 열었는데 도중에
동생도 함께했다. 쥘리앵은 생토노레(→P18)와 사바랭(→P42)의
고안자로 알려져 있다.

퀴르농스키 (1872-1956)
Curnonsky
미식 평론가, 요리 연구가
본명은 모리스 에드몬드 사이양. '식문화의 왕자(Le prince
des gastronomes)'로 선정됐다. 미식 평론가, 요리 연구가의
선구적인 존재로, 공저한 《미식의 나라 프랑스(La France
Gastronomique)》(전 28권)에서 프랑스 향토 요리의 풍요로움을
전했다. 〈미슐랭 가이드〉가 여행과 미식을 잇는 목적으로
레스토랑 소개를 시작한 1926년부터 고문을 맡았다.

달로와요
Dalloyau
17세기, 초대 샤를 달로와요는 루이 14세에게 맛있는 빵으로 평
가받았는데, 그 이후 베르사유 궁전의 '미식 최고책임자(Officier
de bouche)'로 임명되었고, 그 직위는 달로와요 일족이 대대로
물려받았다. 프랑스혁명 이후 직위에서 물러나게 되자 1802년
에 포부르 생토노레 거리에서 '미식의 집, 달로와요'를 개점하기
에 이른다. 왕가의 미식 역사를 전하는 가장 오래된 가게로, 현
재도 과자, 빵, 짭조름한 음식 등을 두루 갖춘 최고급 미식 브랜
드로 활약하고 있다.

프랑수아 마시알로 (1660-1733)
François Massialot
요리인
루이 14세, 15세 시대에 조리장으로서 궁정에 고용된 인물.
《궁정과 부르주아의 새로운 요리(Le Nouveau Cuisinier Royal
et Bourgeois)》, 《궁정과 부르주아의 요리(Le Cuisinier Roïal et
Bourgeois)》 등을 남겼다.

가스통 르노트르 (1920-2009)
Gaston Lenôtre
제과 장인
제과를 중심으로, 빵과 짭조름한 음식 등을 두루 갖춘 고급 미
식 브랜드 '르노트르'의 창업자. 단맛을 줄이고 가볍게 완성하
는 현대 파티스리의 기초를 닦은 인물로, 그 공로를 인정받아
'프랑스 제과계의 아버지'라 불린다. '파티스리계의 피카소'라 불
리는 피에르 에르메의 스승이기도 하다.

장 아비스 (19세기 초)
Jean Avice
제과 장인
외교관 탈레랑의 저택을 출입했던 실뱅 바이의 매장에서 셰프
파티시에를 맡았다. 이 가게에서 막 일하기 시작했던 젊은 앙토
냉 카렘의 스승이기도 하며, 16세기에 이탈리아에서 들어온 슈
반죽을 완성한 인물로 알려져 있다.

조엘 로부숑 (1945-2018)
Joël Robuchon
요리인
현대를 대표하는 요리인 중의 한 명. 1976년에 MOF(프랑스최고
명장)를 취득. 1981년, 파리에 본인의 레스토랑인 '저민'을 오픈.
그 후에도 다수의 레스토랑을 오픈했고, 지금까지 얻은 별의
총 개수로 따져 '세계에서 가장 많은 별을 지닌 셰프'로도 유명
하다. 요리 프로그램을 소유하고 있었기에 미디어의 노출도 많
았다.

조제프 질리에 (16??-1758)
Joseph Gilliers
조리장
18세기 로렌 공국을 통치한 폴란드 왕 스타니스와프
레슈친스키의 조리장으로 고용되었던 인물. 그의 저서
《르 카나뮐리스트 프랑세(Le Cannaméliste Français)》에는
레슈친스키 공작의 통치하에서 번영했던 로렌 궁정의 음식에

관해 식재료부터 도구에 이르기까지 알파벳순으로 기록되어 있다. '카나믈리스트'는 감미 요리 장인의 옛 이름이지만, 디저트만 정리된 책은 아니었다고 한다.

라 바렌 (1618-1678)
La Varenne
요리인

본명은 프랑수아 피에르 드 라 바렌(François Pierre de la Varenne)으로 루이 14세의 궁정에서 활약했던 요리인. 1651년에 출간한 《프랑스의 요리사(Le Cuisinier François)》는 향신료를 많이 쓰던 중세의 요리법에서 벗어나, 오늘날에 '고전'이라 불리는 프랑스 요리의 기초가 이 무렵에 만들어졌음을 엿볼 수 있는 귀중한 책이다. 게다가 문외불출로 여겨졌던 궁정 요리 레시피를 공개했다는 점도 혁명적이었다. 1653년에는 《프랑스의 제과 장인(Le Pâtissier François)》을 출간했다.

르블랑 (알 수 없음)
Leblanc
총지배인, 제과 장인

풀네임과 출생지, 정확한 시대 등의 자료가 없다. 이름에 관해서는 르블랑이 성으로, 이름의 첫 글자가 M이라는 것만 알려져 있다. 《제과 장인의 매뉴얼(Manuel du Pâtissier)》(1834년), 《제과 장인의 신 완전 매뉴얼(Nouveau Manuel Complet du Pâtissier)》(두 권 모두 제목이 길어 약칭 기재)를 남겼다.

므농 (18세기)
Menon
요리책 저자

풀네임과 출생지, 정확한 시대 등의 자료가 없다. 1746년에 출간한 근대 요리서의 선구로 불리는 《부르주아 가정의 여자 요리사(La Cuisinière Bourgeoise)》는 베스트셀러 요리서로 1866년까지 120쇄를 찍었다고 한다. 당시 중급 이하 부르주아 가정의 요리사는 주로 여성이었으며, 이 책에서는 부르주아 가정의 고급 요리를 일반 가정에서도 만들 수 있도록 간소화된 레시피를 소개했다고 한다. 또한, 전문가가 아닌 일반인을 대상으로 했다는 점이 널리 알려진 요인 중 하나로 꼽을 수 있다.

미셸 브라 (1946-)
Michel Bras
나이프로 유명한 라기올 마을에서 별 달린 호텔 레스토랑 '르쉬케'를 운영한다. 유명 레스토랑에서 수행하거나 유명 셰프에게 배운 적은 없고, 부모님이 경영하는 오베르주에서 어머니에게 요리를 처음 배웠으며, 그곳 자연에 둘러싸여 독학으로 요리를 발전시켰다. 음식을 담아내는 참신한 아름다움과 채소나 허브를 다양하게 활용하는 등 현재 요리 스타일의 선구적인 존재다.

니콜라 스토레 (알 수 없음)
Nicolas Stohrer
제과 장인

스타니스와프 레슈친스키 공작이 폴란드 왕 시절에 망명했다고 하는 알자스 지방의 비상부르 마을에서 레슈친스키 공작의 파티시에였다. 1725년, 그의 딸 마리 레슈친스키가 루이 15세에게 시집갈 때 베르사유 궁전에 동행했다. 1730년에 파리 몽토르게이 거리 51번지(현재의 파리 2구)에 '스토레'를 개점해 현재도 같은 장소에서 '파리에서 가장 오래된 제과점'으로서 영업을 이어나가고 있다.

폴 보퀴즈 (1926-2018)
Paul Bocuse
요리인

'20세기를 대표하는 명요리인 중 한 명'으로 불리며 리옹 교외에 있는 레스토랑 '폴 보퀴즈'의 오너 셰프. 1961년에 MOF를 취득. 이 레스토랑은 1965년부터 2019년까지 50년 넘게 미슐랭 가이드에서 별 3개를 유지했다.

필레아스 질베르 (1857-1942 혹은 1943)
Philéas Gilbert
주방에서 일하면서 프랑스 첫 요리 전문지 《요리의 예술(L'Art Culinaire)》의 편집장을 맡아 요리인의 사회생활 향상에 힘을 쏟았다. 오귀스트 에스코피에의 명저 《요리 안내서》의 집필에도 협력했다.

피에르 라캄 (1836-1902)
Pierre Lacam
제과 장인

리옹에서 견습 시절을 보낸 후에 프랑스를 여행하며 제과의 지식과 기술을 깊이 연구했다. 1865년에 출간한 《프랑스와 외국의 새로운 과자·아이스 장인(Le Nouveau Pâtissier-Glacier Français et Étranger)》은 눈 깜짝할 사이에 베스트셀러가 되었다. 이듬해 1866년부터 1871년까지 루아얄 거리의 '라뒤레'에서 셰프 파티시에를 맡은 후, 모나코 공국 샤를 3세의 직속 파티시에가 되었다. 1890년에는 1600가지 레시피를 실은 《프랑스 과자 메모리얼(Le Mémorial de la Pâtisserie)》, 1900년에는 《프랑스 과자의 역사적·지리적 메모리얼(Le Mémorial Historique et Géographique de la Pâtisserie)》 등 다수의 서적을 남겼다.

타유방 (1310-1395)
Taillevent
본명은 기욤 티렐(Guillaume Tirel). 필리프 6세, 샤를 5세, 샤를 6세의 조리장으로서 궁정에 고용되었다. 그가 저술한 《르 비앙디에(Le Viandier)》는 저자 미상의 《파리의 살림살이(Le Ménagier de Paris)》와 함께 중세의 프랑스 요리를 알 수 있는 귀중한 자료다. 제목의 비앙디에는 'viande에 관한 것'이라는 의미로, 현재 viande는 '식용 고기'를 가리키지만, 당시는 '음식과 요리 전체'를 의미했다고 한다.

뱅상 라 샤펠 (1690 혹은 1703-1745)
Vincent La Chapelle
런던에서 체스터필드 경에게, 그 후에는 네덜란드 오라녀나사우 왕가, 루이 15세의 정부 퐁파두르 부인 등에게 고용되었다. 외국에서의 경험을 살려 1733년에 영어로 《현대 요리(The Modern Cook)》를 출간, 2년 후에 이를 프랑스어로 번역한 《현대의 요리인(Le Cuisinier Moderne)》을 펴냈다. 타문화의 새로운 미각과 발상 등을 유연하게 도입한 인물이었으며 지금도 만들 수 있는 레시피가 있다고 한다.

프랑스 디저트 용어

식생활이 변화하면서, 전통 과자, 양과자, 구움과자, 디저트 등 달콤한 음식에 대한 단어가 많아졌다. 디저트의 나라인 프랑스는 아침, 점심, 저녁 식사 후의 디저트, 티타임 또는 간식과 단것을 먹을 기회가 한국보다 많다. 그중에는 피티스리나 가토, 앙트르메 등 다양한 단어가 뒤섞여 있다. 여기에 프랑스의 디저트 용어를 정리해봤다.

쉬크르리(Sucrerie)

'단것'이라는 뜻에 가깝다. 설탕을 사용해서 만드는 모든 것을 가리킨다. 쉬크르(sucre)는 '설탕'을 말한다. 쉬크르리에는 '설탕 공장'이라는 뜻도 있다.

두쇠르(Douceurs)

역시 '단것'이라는 뜻에 가깝다. 두스(Douce)는 프랑스어로 '달다'라는 뜻의 형용사 도우(Doux)의 여성형이다.

파티스리(Pâtisserie)

가루로 만든 반죽(타르트 반죽이나 슈 반죽 등)을 사용한 케이크, 과자를 말한다. 이를 판매하는 가게도 똑같이 부른다. 파티스리는 '반죽'에서 유래했다. 더 이전에는 '제과 장인'으로 번역되는 파티시에(Pâtissier)는 '파테를 만드는 사람'이라는 의미였다. 당시의 '파테'는 육류나 어류를 뭉친 것이었는데, 이후 밀가루가 보급되면서 밀가루 반죽으로 육류나 어류를 감싼 것을 '파테'라 부르게 되었다. 오래된 제과점에서 파테 등의 짭조름한 음식을 함께 파는 것은 이 때문이다.

콩피즈리(confiserie)

설탕이 주재료인 작은 과자. 사탕, 캐러멜, 드라제(설탕 옷을 입힌 아몬드), 당절임 과일(프뤼이 콩피) 등이 있다. 이를 판매하는 가게도 '콩피즈리'라고 부른다. 콩피즈리는 '설탕에 절이다'라는 동사 콩피르(Confire)에서 유래했다.

가토[Gâteau(x)]

'케이크'에 가까운 뉘앙스다. 가토 뒤에 단어를 붙여 '○○ 케이크'라고 표현한다(예: 가토 오 쇼콜라=초콜릿 케이크). 디저트에 따라서는 빵(pain)이란 이름이 붙는 것도 있다(예: 팽 데피스, 팽 다니스).

앙트르메(Entremets)

요리책이나 고급 레스토랑 메뉴에서 자주 보는 단어로, '디저트'를 조금 공손하게 표현한 뉘앙스다. 식사와 식사 사이(Entre les mets)라는 뜻으로, 코스 요리의 그릇 수가 많던 시대에, 식사와 식사 사이에 서빙되던 것이 어원이다. 《라루스사전》에는 '치즈와 과일 사이 또는 디저트로서 서빙되던 따뜻하거나 차가운 달콤한 요리'로 정의된다. 파티스리나 콩피즈리처럼 소재로 구별하지 않기 때문에 앙트르메가 지칭하는 디저트는 폭넓다.

데세르(Dessert)

식사 마지막에 먹는 단 것, 즉 '디저트'를 말한다. '식후 디저트'라고 말하는데, 디저트 그 자체에 '식후'라는 뜻을 포함하고 있으므로 이중 표현이 된다. '식탁 위의 식기를 치우다'라는 의미의 동사 데세르비르(Desservir)에서 파생된 단어로, 식탁을 정리한 후에 치즈나 달콤한 음식을 서비스하는 것을 의미했다고 한다. '앙트르메'와 마찬가지로 '데세르'가 가리키는 디저트는 폭넓다. 프랑스 디저트 중에는 커피나 홍차 등 음료를 곁들이지 않는 것도 있어 수분이 많은 편을 선호한다. 건조한 것이나 딱딱한 것 등은 티타임과 간식으로는 괜찮더라도 식후 디저트에는 어울리지 않을 때도 있다.

구테(Goûter)

'간식'에 해당한다. 《라루스사전》에는 '점심과 저녁 사이에 먹는 간식'으로 정의되어 있다. 이 책에서는 상황이 '간식'과 '티타임'으로 설정되어 있는데, 간식은 어린아이와 함께 먹을 수 있는 것, 티타임은 어른이 즐기는 것이라는 뉘앙스 차이가 있다.

프리앙디즈[Friandise(s)]

'과자'에 가까운 뉘앙스로, 입안에 살짝 넣어 음미하는 달콤한 것으로, 작고 단것을 말한다. 주로 작은 구움과자나 콩피즈리 등을 가리킨다.

미냐르디즈[Mignardise(s)]

식후(디저트 후)에 먹는 작은 케이크·과자 세트. 프랑스의 격식 차린 식사에서는 디저트 후에 커피나 홍차를 마시는데, 그때 함께 먹는 단것을 말한다.

프티푸르[Petit(s)-four(s)]

한입에 먹을 수 있는 작은 케이크나 과자의 짠맛 안주를 말한다. 프루(Four)는 '오븐'이라는 의미로, 옛날에 가마 불을 끈 후에 여열(혹은 적은 화력의 오븐)로 구웠던 것에서 유래했다. 그 때문에 반드시 오븐에서 구운 반죽을 사용한다. 반죽에 신선한 식재료를 조합한 것은 프티푸르 프레(Petit-four frais)라고 한다. 모두 오븐에서 구운 것은 '드라이'라는 의미를 붙여 프티푸르 세크(Petit-four sec)라 한다. 쿠키 같은 작은 구움과자류도 프랑스어로는 프티푸르 세크라 하며 대표적인 예로 사블레(→P80)가 있다.

참고문헌

羽根則子『イギリス菓子図鑑 お菓子の由来と作り方』誠文堂新光社
森本智子『ドイツ菓子図鑑 お菓子の由来と作り方』誠文堂新光社
山本ゆりこ・森田けいこ『パリの歴史探訪ノート』六耀社

Maguelone Toussaint-Samat, *La tr s belle et tr s exquise histoire des g teaux et des friandises*, Flammarion

Laurent Terrasson, *Atlas des desserts de France*, ditions Rustica

Fran ois-R gis Gaudry & Ses Amis, *On va d guster : la France*, Marabout

Magazine Fou de P tisserie, ditions Pressmaker

Cl mentine Perrin-Chattard, *Les cr pes et galettes*, ditions Jean-Paul Gisserot

Conseil national des arts culinaires (CNAC), *Nord-Pas-de-Calais : Produits du terroir et recettes traditionnelles*, Albin Michel

Ginette Mathiot, *La p tisserie pour tous*, Albin Michel

Richard Roudaut, *Les fruits*, Parangon

Larousse https://www.larousse.fr
Le Parisien http://www.leparisien.fr
P tisserie Durand https://www.paris-brest.fr
Historia https://www.historia.fr
Stohrer https://stohrer.fr
Geo https://www.geo.fr
Marie Claire https://www.marieclaire.fr
Ladur e https://www.laduree.fr
Maison des S urs Macarons https://www.macaron-de-nancy.com
Ville de Commercy http://www.commercy.fr
V ritables Macarons de Saint- milion http://www.macarons-saint-emilion.fr
Maison Adam https://www.maisonadam.fr
Re ets de France https://www.re etsdefrance.fr
H tel Tatin https://www.hotel-tatin.fr
Philippe Urraca https://philippe-urraca.fr
Maison Fossier http://www.fossier.fr
Patrimoine Normand-Le magazine de la Normandie http://www.patrimoine-normand.com
Ouest-France https://www.ouest-france.fr
Biscuits LU https://www.lu.fr
Cl ment Faugier http://www.clementfaugier.fr
France Bleu https://www.francebleu.fr
Le Point https://www.lepoint.fr
Four des Navettes http://www.fourdesnavettes.com
La Tarte Trop zienne https://www.latartetropezienne.fr

색인　Index des Desserts et Gâteaux

※ 여기에는 이 책에서 소개한 과자와 그 별칭, 현대 프랑스에서 만들고 있는 과자명을 기재했다.

야마모토 유리코(山本 ゆりこ)
제과 · 요리 연구가 / 카페오레볼 수집가

1972년, 후쿠오카현에서 태어났다. 일본여자대학 가정학부 식물학과를 졸업한 후, 1997년에 프랑스로 넘어가 12년간 파리에서 살았다. 그동안 파리의 리츠 에스고피이와 르 꼬르동 블루에서 프랑스 과지를 배우고 별 3개의 레스토랑과 호텔, 제과점에서 경험을 쌓았다. 2000년에 단행본을 출간한 이후 20권이 넘는 책을 출간했다. Instagram 야마모토 호텔을 매일 갱신 중이다.

촬영 야마모토 유리코
디자인 요코타 요코
교정 유한회사 쿠스노키샤
편집 쿠보 마키에
DTP 협력 키모토 나오코
협력 Hervé Pinard

그릇 협력
랑그 드 샤 P85
크렘 브륄레 P96
수플레 오 시트롱 P100
타르트 타탕 P110
수플레 글라세 아 로랑주 P114
페슈 멜바 P118
푸아르 벨엘렌 P120
프로피트롤 P122
가토 오 쇼콜라 드 낭시(작은 접시) P159
비스퀴 로제 드 랭스 P160
고프르 P162
프티뵈르 P186
페 드 논 P189
팽 데피스 P192
마르즈렌 P202
밀라스(작은 접시) P214
칼리송 P216
나베트 P218
뒤표지 B·B·B POTTERS
        BBB&

제과 제작
퐁뇌프 P28
콩베르사시옹 P28
폴로네즈 P45
모카 P59
갈레트 데 루아 P62
뒤표지 Le BRETON

프랑스 전통 과자 백과사전

1판 1쇄 펴냄 2020년 7월 7일

지 음 야마모토 유리코
옮 김 임지인
감 수 김상애
펴낸이 하진석
펴낸곳 참돌
주 소 서울시 마포구 독막로3길 51
전 화 02-518-3919
팩 스 0505-318-3919
이메일 book@charmdol.com
ISBN 979-11-88601-40-0 13590